西山正脉

乾隆皇帝与西山图像关系研究

许彤　著

湖南美术出版社
· 长沙 ·

前　言

　　本书讨论的主体是描绘北京西山的图像，同时又不断围绕着其和乾隆皇帝（1711—1799）的关系展开。北京西山在历史上并非名山大川，明以前虽有题咏但鲜有入画。随着北京作为都城，西山日益变得重要。到了清代尤其乾隆时期，西山之山成为一定的龙脉发源，[1] 西山之水则一下晋升为"天下第一泉"[2]。乾隆皇帝在御制诗中曾描述西山："朗朗峰头对帝京"[3]。它是护卫帝京的天然屏障，是代表帝京的唯一山水。

　　众所周知，乾隆皇帝一生多次巡游并热衷于山水之乐。属于帝京的山水自然与天下其他山川有所异同。西山是离紫禁城最近的一处自然山水，乾隆帝经常驻跸活动于西山，有时会占据一年中三分之一的时间。[4] 那么西山对乾隆皇帝来说意味着什么？乾隆朝绘制的西山图像和以往相比有何特点？乾隆朝的西山图像是如何表达的？通过这样的图像表达又塑造了什么？纵观中国绘画史，乾隆朝西山图像处在一个怎样的地位？它们和同时期类似绘画一起又构成了怎样的文化现象？本书选取西山这样一个特定地域空间来观察，并从美术史的角度，探讨西山形象的塑造，以及这处山水中所能容纳的乾隆皇帝的意识与观念。

1　"万寿山龙脉，原自西山来。"爱新觉罗·弘历：《近西轩漫题》，载《乾隆御制诗文全集》（九），中国人民大学出版社，2013，第 321 页。

2　乾隆皇帝将西山之玉泉山的泉水评定为"天下第一泉"。

3　爱新觉罗·弘历：《燕山八景诗·西山晴雪》，载《乾隆御制诗文全集》（一），中国人民大学出版社，2013，第 254 页。

4　有统计指出乾隆帝驻圆明园时间平均每年为 126.6 天。郭黛姮：《远逝的辉煌：圆明园建筑园林研究与保护》，上海科学技术出版社，2009，第 70 页。

　　对乾隆帝的研究是相关艺术史研究的重要背景与启发，[5] 具体和乾隆朝"西山"有关的讨论以"三山五园"为多，这在建筑园林史以及历史地理学研究中向来重要。[6] 从美术史的角度讨论西山目前较少，有一些个案研究基本集中在明代。[7] 乾隆朝西山图像在中国美术史研究的范畴中，既属于清代宫廷绘画，又属于实景山水画。目前对于清代宫廷绘画的研究基本集中在纪实性绘画、中西交流、画院制度和仿古等问题上。[8] 乾隆朝西山图像的制作也和这些问题息息相关。此外，以清代尤其乾隆朝为主题的展览和出版图录也越来越多，另也有相关研讨会。对清代宫廷绘画的讨论虽多，但关于其中的实景山水画的讨论依旧较少。实景山水画可以说是中国山水画中的一个类型，描绘内容具有明确的实地指涉，实景特征清晰。实景形象旁往往还有小字标注名称，主题以表现名山大川、名胜古迹、园林别业等为主。目前已有不少学者对实景山水画进行过梳理、分类和定义。[9]

5　戴逸：《乾隆帝及其时代》，中国人民大学出版社，1992。[美]欧立德（Mark C.Elliott）：《乾隆帝》，青石译，社会科学文献出版社，2014。

6　侯仁之、青万译、周维权、张宝章、郭黛姮、贾珺等都是长期关注三山五园的学者，有大量专著与文章。

7　石守谦：《嘉靖新政与文徵明画风之转变》，载《风格与世变：中国绘画十论》，北京大学出版社，2008。单国霖：《董其昌〈燕吴八景册〉及其早期画风探》，载朵云编辑部编《董其昌研究文集》，上海书画出版社，1998。史树青：《王绂北京八景图研究》，《文物》1981年第5期。

8　关于清代宫廷绘画的讨论，在以往杨伯达、聂崇正等研究基础之上，近些年越发丰富。杨伯达：《清代院画》，紫禁城出版社，1993。聂崇正：《清宫绘画与西画东渐》，紫禁城出版社，2008。聂崇正：《宫廷艺术的光辉——清代宫廷绘画论丛》，东大图书股份有限公司，1996。聂崇正：《清宫绘画与画家》（上、下册），故宫出版社，2019。就具体主题来说，关于纪实性绘画的研究例如马雅贞：《刻画战勋：清朝帝国武功的文化建构》，社会科学文献出版社，2016；关于中西交流的研究例如赖毓芝：《跨界的中国美术史》，浙江大学出版社，2022；画院制度方面例如张震：《"因画名室"与乾隆内府鉴藏》，故宫出版社，2016；和仿古问题直接相关的例如赵琰哲：《茹古涵今：清乾隆朝仿古绘画研究》，广西美术出版社，2017。其他层面研究例如陈葆真讨论了一些和乾隆皇帝家庭生活、祝寿等相关的问题。参见陈葆真：《乾隆皇帝的家庭生活与内心世界》，北京大学出版社，2020。陈葆真：《图画如历史：中国古代宫廷绘画研究》，浙江大学出版社，2019。

9　单国强《中国实景山水画史略》系列论文对中国实景山水画做了提纲挈领式的梳理，并对实景画做了基本的界定。单国强：《中国古代实景山水画史略连载之一 六朝至两宋》，《紫禁城》2008年第8期。单国强：《中国古代实景山水画史略之二 元代至明代》，《紫禁城》2008年第9期。单国强：《中国实景山水画史略之三 清代（上）》，《紫禁城》2008年第10期。单国强：《中国实景山水画史略之三 清代（下）》，《紫禁城》2008年第11期。单国强在《中国古代实景山水画史略连载之一 六朝至两宋》中指出："实景山水画属于中国传统山水画中按题材而分的一个门类，它与仿古山水、抒情山水、理想山水、综合山水，共同构成山水画题材的主要类别……具体内容可归纳为名山大川、名胜古迹、名人园宅几个方面，其有别于其他类别山水的特征可概括为真实性、具体性、写实性。"黄贞燕对实景山水也做了一定的分类，其中将实景画分成三类，即描绘特定地域的山水图、园林书斋图和名胜图。黄贞燕：《清初山水版画〈太平山水图画〉研究》，硕士学位论文，台湾大学艺术史研究所，1993。实景画这个概念也有"胜景图"或"地景图"等表述方式，英文的对应概念则有"topographical painting"或"topographic landscape"。韩日学者则喜欢使用"true views"（真景），杜娟则提出"实境"的概念，见杜娟：《实境山水画：明代后期吴中纪实性山水画研究》，天津人民美术出版社，2020。

近年来也有一些关于实景山水的展览。笔者对实景山水画也有一些论述和个案研究，暂不赘述。[10] 关于实景画的讨论虽向来不是中国美术史的核心，但也已有不少讨论，以明代吴门画派中的纪游图研究为最多，[11] 也有不少是关于地方画派的讨论。[12] 个案研究以江南地区的居多，北方地区也有讨论。[13] 对整体现象有所把握的是，石守谦曾提及关于 18 世纪清宫中实景山水复兴的问题，但以满族画家为主要讨论对象，并没有太展开分析。[14] 乾隆朝宫廷中除了绘制西山图像，就像石守谦所指出的，实际也绘有大量更多的实景山水画。此外也有学者结合南巡对江南名胜及其在北方的仿建做过一些个案分析。[15]

　　本书讨论的西山图像始终围绕着和乾隆皇帝的关系，可谓一种观察视角。第一章首先讨论了西山的概念沿革以及乾隆朝的西山格局。关于表现西山的图像，乾隆帝所能接触到的前朝绘画有哪些？乾隆朝当朝绘制的西山图像又是怎样的情况？其参与绘制的画家身份如何？乾隆皇帝个人在其中扮演了怎样的角色？乾隆内府收藏的前朝西山图像是否影响了乾隆朝当朝的绘制？其中有何异同？对这些问题的讨论详见第二章。第三章将进一

10　许彤：《胜景纪游：中国古代实景山水画》，人民美术出版社，2021。许彤：《明代中晚期"京口三山"的视觉表达及其文化内涵》，硕士学位论文，中央美术学院人文学院，2013。

11　吴门画派实景问题的主要讨论有：薛永年：《陆治钱谷与后期吴派纪游图》，载《吴门画派研究》，紫禁城出版社，1993；傅立萃：《谢时臣的名胜古迹四景图——兼谈明代中期的壮游》，《美术史研究集刊》，台湾大学，1997 年第 4 期；吉田晴纪：《关于虎丘山图之我见》，载《吴门画派研究》，紫禁城出版社，1993；陈永贤：《陆治纪游山水画之研究》，硕士学位论文，台湾艺术大学美术学系，1993；Mette Siggstedt，"Topographical Motifs in Middle Ming Su-chou: An Iconographical Implosion"，载《区域与网络：近千年中国美术史研究国际学术研讨会论文集》，台湾大学艺术史研究所，2001。

12　例如赵力：《京江画派研究》，湖南美术出版社，1994；吕晓：《明末清初〈金陵胜景图〉研究》，《南京艺术学院学报（美术与设计）》2010 年第 4 期。

13　王正华：《乾隆朝苏州城市图像：政治权力、文化消费与地景塑造》，载《艺术、权力与消费：中国艺术史研究的一个面向》，中国美术学院出版社，2011。马雅贞：《中介于地方与中央之间：〈盛世滋生图〉的双重性格》，《美术史研究集刊》2008 年第 24 期。西湖实景图的研究有王双阳、吴敢：《文人趣味与应制图式——清代的西湖十景图》，《新美术》2015 年第 7 期。苏庭筠：《乾隆宫廷制之西湖图》，硕士学位论文，台湾"中央大学"艺术学研究所，2008。关于北方地区例如有对盘山等地的绘画研究，可参见邵彦：《时空转换中的行宫图像——对几件〈盘山图〉的研究》，《故宫博物院院刊》2008 年第 1 期。傅申：《乾隆皇帝〈御笔盘山图〉与唐岱》，《美术史研究集刊》2010 年第 28 期。

14　石守谦：《以笔墨合天地：对十八世纪中国山水画的一个新理解》，《美术史研究集刊》2009 年第 26 期。

15　陈葆真：《康熙和乾隆二帝的南巡及其对江南名胜和园林的绘制与仿建》，《故宫学术季刊》2015 年第 32 卷第 3 期。

步以明清都绘制的同题材画作——"燕山八景图"来比对，试图发现从明到清，关于西山的山水图像在表现方式上的变化，进而讨论明清政治观、风水观的异同。山水画向来承载着丰富的精神内涵，西山所承载的乾隆皇帝的山水视野，既有传统的文人视野，也有帝王的政治视野，第四章将从西山之水的角度探讨乾隆皇帝对西山之水的态度，以展现乾隆皇帝的多重视野。乾隆朝的疆域版图与历史上各时期相比都是非常广袤的，西山不过是京城西部的一处自然山水。但这处离紫禁城最近的自然山水，在乾隆朝开始大量建设人文景观，其中仿建了许多景观，这些景观从各地"移挪"而来，重叠到一处山水之中。西山这一处山水通过容纳多地景观，也容纳了天下，容纳了乾隆皇帝多样复杂的意识与观念。第五章试图通过西山之形象的塑造来呈现乾隆朝的文化、民族、政治、军事以及帝国理想。乾隆朝西山图像具有实景、全景式的图式特点，同时期宫廷中也还有不少描绘其他地区景观的绘画也具有相同的特点，第六章从西山这一处实景图像出发，进而拓展到更多的乾隆朝实景山水画，并总结、讨论这一现象。

目　录

第一章　"西山"何为？

第一节　历史上的西山概念与范围

　　"西山"从字眼来看即为西面之山，是一个笼统的概念。中国很多地方都有西山，北京有西山，苏州洞庭也有西山。就北京西山的概念来说，亦是一个较为笼统的概念，广义上说是北京西部山地的总称。但"西山"的狭义范围在不同时期也会有不同的界定和侧重。

　　北京地处宽广开阔的华北平原，而其西面群山起伏，是一道护卫着京师之地的天然屏障，这帝京西面连绵起伏的山峦被统称为西山。正如乾隆皇帝曾感慨："帝都形胜地，屏障惟西山。"[1]以坐北朝南的方位来看，西山作为"神京右臂"[2]，也作为"皇居右胁"，它"千山拱护，万国朝宗。山奥而深，土肥而衍[3]。"西山层峦叠嶂，郁郁葱葱，泉水甘冽澄澈，土壤肥沃。"左环沧海，右拥太行，北枕居庸，南襟河济，诚天府之国。"[4]常形容北京的这一语便勾勒出了北京的地理形胜和山水特点。清康熙年间记录北京环境与风土的《日下旧闻》中曾描述西山："西山在府西三十里，为太行山之首。"[5]另外"西山内接太行，外属诸边，磅礴数千里，林麓苍黝，溪涧镂错，其中物产甚饶，古称神皋奥区也。"[6]这几句话交代了

1　爱新觉罗·弘历：《香山登高之作》，载《乾隆御制诗文全集》（一），中国人民大学出版社，2013，第863页。
2　于敏中主编《日下旧闻考》第六册，北京出版社，2018，第1674页。
3　于敏中主编《日下旧闻考》第一册，北京出版社，2018，第82页。
4　于敏中主编《日下旧闻考》第一册，北京出版社，2018，第75页。
5　于敏中主编《日下旧闻考》第六册，北京出版社，2018，第1673页。
6　同注5。

西山与顺天府的方位距离，也交代了西山与太行山山脉的从属关系。今天地理概念上讲西山属于太行山余脉，而从和"皇都"的距离关系来说，西山则是更接近皇城"神京"的太行山之"首"。西山所在的太行山山脉和京城北面居庸关所在的燕山山脉一起围合成一个天然的围屏，京城正处在这半封闭山湾东南的平原上，地理学上称为"北京小平原"。这西北山脉与东南平原的关系也自然让北京地区呈现出西北高而东南低的地形特点。"京师负重山，面平陆，地饶鱼盐谷马果蓏之利……"[7]北京长期以来的地理环境特点也造就了这里丰富的物产，这构成此处可以作为几代帝都的自然基础。

作为太行山余脉的西山，总体来讲山势相连，但越向东接近平原的地段则越断续，例如今天的玉泉山和万寿山虽远离山脉主体，看似平地起山，但依然属于西山的范围。如按照最广义的西山地理范围来看，向西则至太行山山脉主体，最北端的界线即是和燕山山脉相交的昌平南口关沟一带。最南可至今房山拒马河，向东则包括玉泉山和万寿山。但在这些广阔相连的西山中，只有最靠近北京平原的小范围西山，才和历朝历代的北京城发生着最有机的关系，这一小范围的西山以"香峪大梁"为主体，在今天也被称为"小西山"。

西山不仅山体丰富，西山一带的水资源也向来丰沛，如此山水相依，才构成一个丰富完整的西山。西山在辽金以来历朝历代的帝王、僧侣和文人眼中，都是一处绝佳的山水。早在辽金时期，北京西山即兴建园林，如西山大觉寺始建于辽代，名"清水院"，后成为金时的"八大水院"之一。金章宗（1168—1208）除了在西山修建"八大水院"之外，还修建了玉泉山上的芙蓉殿行宫和位于香山的永安寺。西山"八大水院"如今有些已经不存，具体"八大水院"指哪里说法不一，有学者考订"八大水院"分别是清水院（大觉寺）、香水院（法云寺）、灵水院（栖隐寺）、泉水院（玉泉山芙蓉殿）、潭水院（香山寺）、圣水院（黄普寺）、双水院（双泉寺）及金水院（金仙庵）。[8]这"八大水院"都是充分利用了西山丰富

---

7 于敏中主编《日下旧闻考》第一册，北京出版社，2018，第77页。
8 苗天娥、景爱：《金章宗西山八大水院考（上）》，《文物春秋》2010年第4期；苗天娥、景爱：《金章宗西山八大水院考（下）》，《文物春秋》2010年第5期。

的水资源建设的皇家院落。北京地区的水资源在历史上是非常丰富的，其河流水源多来自西北地区山地。由于西高东低的地势，西山一带的水源，无论地表水还是地下水，都可以说是位于北京地区较为上游的最清澈丰富地区。这些水资源成就了西山历史上大量的寺院和皇家园林。西山中玉泉山的命名就来自其山中丰沛甘冽的玉泉。玉泉水系流经今天的海淀区，海淀之名也和水有着紧密的关系。海淀在元代本叫海店，后改为海淀，那里水资源丰沛，康熙帝曾在《御制畅春园记》中描述海淀地区众泉喷涌之景："都城西直门外十二里曰海淀，淀有南有北。自万泉庄平地涌泉，奔流潆潆……"[9]西山一带的水利修建更是历朝历代没有间断的一项大业。

地理概念上的北京西山范围广阔，山水相依。西山不仅可以是广义的太行余脉和西部群山，也可以是离北京小平原最近的狭义"小西山"，而且在不同的历史时期中西山的范围也有所不同和侧重。前文已提到，金章宗时期即开始在西山修建寺院和行宫。元代诗人也有对西山专门的题咏，例如马祖常（1279—1338）的《西山》一诗就显示了元人对"西山"概念的使用：

> 凤城西去玉泉头，杨柳堤长马上游。
> 六月薰风吹别殿，半天飞雨洒重楼。
> 山浮树盖连云动，露滴荷盘并水流。
> 叙岸龙舟能北望，翠华来日正清秋。[10]

诗中提到了玉泉山，长满杨柳的长堤，宫殿建筑，以及有荷叶的水面和龙舟。这皆是马祖常心目中典型的西山意象。历史上对西山的讨论，从明代开始日益多起来，其讨论尤其集中在万历时期。清代开始对西山有所建设和讨论主要集中在政权、经济、文化都日渐稳固上升的康熙时期。此时的"西山"意识和更大的山水意识一方面继承着明代的概念，一方面又显示出清朝统治者的意识态度，这都构成乾隆朝对"西山"理解的基础。

9　于敏中主编《日下旧闻考》第四册，北京出版社，2018，第1268页。
10　陈梦雷、蒋廷锡等编纂《古今图书集成·方舆汇编·山川典·西山部》第183册，中华书局，1934年影印本，第55页。

在明代，"游"的风气非常之盛，无论文学中的游记还是绘画中的纪游图现象都已经有过非常多的讨论。[11] 明人文集中的游记数量，至嘉靖年间渐渐增加，到万历以后则大量出现。[12] 在前朝的基础以及大环境好游的热潮下，明代的北京西山明确被列为全国名胜之一，且是唯一一处可以代表北京的名胜。书商杨尔曾编纂并刻于万历三十七年（1609）的《海内奇观》是明代中晚期非常流行的出版物，汇集当时全国范围内的重要名胜。书中文字精简，版画精良，可谓是当时著名的"旅游指南"。《海内奇观》收录各地山水名胜的顺序中，先是五岳，继而孔林，然后就是西山。由此可见，西山作为北京唯一的名胜代表，和天下名胜相比肩。在明代这样全国尚游的风气下，像袁中道（1570—1623）写《西山十记》一样，有不少文人的游记和诗文中都会描写西山。[13] 明代《长安客话》《宛署杂记》《帝京景物略》《春明梦余录》等这样专门介绍北京名胜景观和风俗的志书类书籍中也都有对西山的介绍。此外，更有官修的《顺天府志》对西山有所记述。可见，西山在明代是一个流通的概念且被广泛使用。但通过比较会发现，这些不同视角下描述的西山范围并不一致。

万历年间《顺天府志》（1593）中记录的顺天府府西的山的顺序分别为：西山——香山——玉泉山——金山——卢师山——平坡山——觉山——棋盘山——五峰山——韩家山——双泉山——翠峰山——仰山。[14] 此处"西山"条目的介绍中并没有明确指出是哪里，只是泛指，但又和之后的玉泉山等山并列。沈榜 (1540—1597)《宛署杂记》（1593）中介绍顺天府中山川顺序为：西山——香山——玉泉山——金山——卢师山——平坡山——觉山……此处逻辑与万历《顺天府志》是一样的，且觉山以前所列一致，觉山之后列入了更多的山。在万历年间曾任京师西城指挥使的蒋一葵所著的《长安客话》（1606）中，西山被明确指出是"诸山总称"[15]，但还是和玉泉山、仰山等西部诸山并列出现。但在更晚些的刘侗（1593—

11　见前言注释11。

12　巫仁恕：《晚明的旅游活动与消费文化——以江南为讨论中心》，《"中央研究院"近代史研究所集刊》2003年第41期。

13　袁中道：《珂雪斋集》，钱伯城点校，上海古籍出版社，1989，第535页。

14　沈应文、张元芳纂修《顺天府志》（六卷），北京图书馆藏，明万历刻本，第22—23页。

15　蒋一葵：《长安客话》，北京古籍出版社，1982，第52页。

1636）、于奕正（1594—1636）所著的《帝京景物略》（1635）中有两卷分别介绍西山。其中所含景观以山和寺为主，也有西堤这样的水景。其中有些山与寺难以分开讲，例如香山寺。孙承泽（1592—1676）在记录明代北京地理风俗的著作《春明梦余录》和《天府广记》中，所列西山的顺序为：玉泉山——瓮山——白鹿岩——聚宝山——香山——中峰——卢师山——翠微山——潭柘山——觉山——韩家山——仰山——百花陀。[16]通过以上部分代表明代不同时期官方和私人观点的文字比较，可见明代"西山"的范围由混乱逐渐清晰，范围虽有重叠却依然不同。

　　而在明代有版画西山图像出现的书籍中，西山的范围又有所不同。前文提到的《海内奇观》和由王圻（1530—1615）、王思义父子编集并刊行于万历三十七年（1609）的明代类书《三才图会》地理卷中的文字和版画皆为对海内名山大川的介绍，两套明代书籍中均有非常相似的《西山图》版画（图1.1、图1.2），本文以绘制更为精美的《海内奇观》中的版画为讨论对象。

　　《海内奇观》中的《西山图》版画方位为"上北下南"，右侧上方为城墙围拢中的紫禁城，城内中轴线上的重要建筑物间祥云缭绕，在紫禁城西南角的角楼与围墙之外，还有西便门外作为地标的天宁寺砖塔形象，而最南端的建筑为永定门。永定门之外流淌过画面之间的则是永定河，上面横跨着卢沟桥，标注出的小字"桑干河"为永定河的上游。紫禁城和永定河形象的出现是为了交代和西山的关系，而画面左侧的层层山峦便是《西山图》的主体——西山。西山上被明确标明的文字有："瓮山""玉泉""甘露""功德寺""碧云"。瓮山为离城市最近的山，"玉泉"为玉泉山上的标志性泉水，"甘露"为位于香山的甘露寺，功德寺位于玉泉山脚下，元代为"大承天护圣寺"，明宣德年间重修改名功德寺。"碧云"为碧云寺。画面中的西山明确有三个山峰：瓮山、有玉泉所在的玉泉山，以及有甘露寺所在的香山。

　　通过以上明代描绘西山的文献和版画可以发现，明代的西山范围本身

16　孙承泽：《春明梦余录》（下），北京古籍出版社，1992，第1298—1312页。《春明梦余录》和《天府广记》所记相同。

图 1.1　《海内奇观》之《西山图》　1609 年

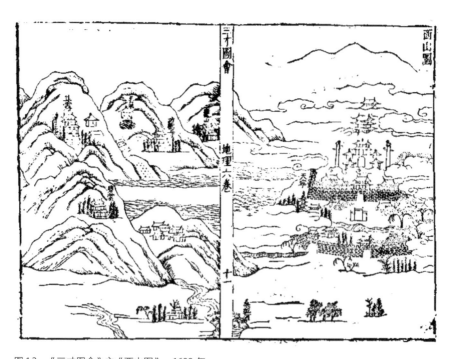

图 1.2　《三才图会》之《西山图》　1609 年

不是很明确，其中版画中可以作为天下名胜入选的西山之范围要更小，基本是离京城最近的三座山，而更西更远的山则不入选。明代几乎同时期的《海内奇观》和《三才图会》中出现的《西山图》版画应是现存最早的表现西山的版画。其图像模式中对香山、玉泉山、瓮山三座山的提炼和强调可以说是日后清代乾隆时期"三山五园"格局的基础。

历朝历代对西山都有不同程度的建设，但对西山大规模的关注和开发还是在清代的康熙、乾隆时期，且其建设的格局影响至今。清代对西山的建设有很多是在原来的建筑基础上继续营建和更名的，例如金代位于玉泉山的园林经过几百年之后，在康熙时期建为澄心园，而到了乾隆时期又不断扩大并更名为静明园。除了明代，康熙时期的西山意识或说更大的山水意识对乾隆朝的影响是非常大的。

《古今图书集成·方舆汇编·山川典》中有一幅《西山图》版画。（图1.3）图像和文字的内容，以及《山川典》的结构顺序都可以直接反映出康熙时期看待北京西山乃至天下山川的态度。《古今图书集成》为康熙皇帝（1654—1722）钦定而修的大型类书，是清修最大，也是现存最大最完善的一部类书。其编纂者为陈梦雷（1650—1741），陈梦雷当时为三皇子胤祉（1677—1732）的侍读，书完成于康熙四十年（1701）到康熙四十五年（1706），后经蒋廷锡（1669—1732）增订，刊印成于雍正三年（1725）。[17]《古今图书集成》中关于地理方面的内容为《方舆汇编》，其中又有记录天下名山大川的《山川典》。《山川典》图文并茂，选取的全部都是当时全国各地最具有代表性的地理山川。

在《山川典》的介绍顺序中，先是山川总部，再是山总部，进而是五岳总部，然后是东北满洲发源地区的长白山部、医巫闾山部、千山部、十三山部，然后是帝京所在的西山部……这样的排序既遵循汉文化的传统，又具有浓烈的满洲意识。在总部之后，先介绍历来中华最重要的山——五岳，然后就是满洲发源地区的几座山，而这几座东北地区的山在清以前虽然也有诗文描述过，[18]但在清以前或者说满洲人以外的视野中，这几座

---

17 张新民：《〈古今图书集成〉之特征及其编者》，《农业图书情报学刊》2006年第11期。
18 见《山川典》中东北地区各山部后收录的历代诗文。

图 1.3　康熙时期《古今图书集成·方舆汇编·山川典》之《西山图》

山从未如此重要过。满洲发源地山川介绍之后便介绍京城的山川，其中以西山部为最重要。

在《山川典》中，"西山部"的叙述结构是：西山部汇考——图——考——西山部艺文。其中"汇考"是一种总论，"考"是具体的描绘。汇考中首先介绍了"京师之西山"：

> 京城之西三十里为西山，古所称太行之第八陉也。其山因地立名不一，今举其表，著为游人屐齿所及者则为香山、玉泉山、瓮山、卢师山、平坡山、仰山、潭柘山、罕山、百花山、聚宝山、白鹿岩、翠微山、觉山。而诸山中为岩为洞为岭为峪，其立名者更不一，而总谓之西山。[19]

19　陈梦雷、蒋廷锡等编纂《古今图书集成·方舆汇编·山川典·西山部》第 183 册，中华书局，1934 年影印本，第 50 页。

这个介绍史无前例地清楚。一方面继承着之前《春明梦余录》等文献中西山的范围，一方面也清楚地讲到了西山是一个总称，包括的山很多，且山的名目也有所不同，所以在此只是"举其表"，列了离京城最近、游人所游历最多的几座山。这基本等于现在以"香峪大梁"为核心的"小西山"范围。文字中以排在前三位的香山、玉泉山和瓮山最为重要。而这三座山也是明代《海内奇观》《三才图会》中《西山图》版画中被明确标出的三座山。

在《古今图书集成·方舆汇编·山川典·西山部》该段文字下方出现的是康熙时期的《西山图》版画。此图不像明代《海内奇观》中只将西山形象占据左半幅版面，而是"放大"了西山部分，让其占据整个版面，不再交代西山和其东面京城的方位关系。如果说《海内奇观》中的《西山图》版画还有着交代地理属性的舆图性质，那么《山川典》中的《西山图》版画则更具有绘画性，呈现出西山更加秀美的面貌与文人气息。在远处山水间茂密的树木掩映下，隐藏着影影绰绰的塔寺，山体的皴法也更多，表现得也更为细致，山与山之间也融入了更多的植被。画面的近景平缓舒逸，仿佛江南文人山水般的景象风貌。平缓的土坡上有两位闲散的骑驴文士正准备过桥，而隔岸相对的坡岸上，还有另外一位拄杖的文人仿佛正要继续向西走出画面。然而此图的图像模式还出现在更早的、完成于康熙二十一年（1682）的《畿辅通志》中。[20] 当然《畿辅通志》中的西山图版画要粗略一些（图 1.4），没有之后出现在《山川典》中的版画精致。

就上述康熙时期官方对西山的描述情况来看，在文献中，西山的概念和范围在明代形成的基础上更加清晰；在与文字相配的版画中，西山形象则比之明代《海内奇观》中的西山形象更加具有绘画性。

20　康熙皇帝于康熙十一年（1672）下令各省分别修志，康熙十九年（1680）由巡抚于成龙和继任格尔古德开始主持编纂直隶省通志，其中《畿辅通志》完成于康熙二十一年（1682）。王景玉：《康熙〈畿辅通志〉略谈》，《文献》1986 年第 4 期。

图 1.4　康熙时期《畿辅通志》之《西山图》

第二节　乾隆朝的西山格局

众所周知，精力充沛的乾隆皇帝一生多次巡游。他在旅途中的时间有15 年之久，是其统治时期的四分之一。[21] 但是乾隆皇帝毕竟日常生活还是以在京师为主。在京师的生活当中，乾隆帝并不满足于只是生活在城墙重围的紫禁城中，乾隆帝诗句中有言："紫禁围红墙……未若园居良……"[22]对一生都向往自然山水的乾隆帝来说，京城的西山是他触手可及的身边最近的一处自然山水。

乾隆帝每年都会临幸西山，就其长期居住与理政的圆明园来说，乾隆帝一年中驻园之日最多达 251 天（乾隆五年），最少只有 10 天（乾隆

21　[美] 欧立德（Mark C.Elliott）：《乾隆帝》，青石译，社会科学文献出版社，2014，第 98 页。
22　爱新觉罗·弘历：《夏日养心殿》，载《乾隆御制诗文全集》（七），中国人民大学出版社，2013，第 96 页。

四十五年），平均每年为 126.6 天，大约占据了一年中三分之一的时间。[23]
但在驻跸圆明园期间，乾隆帝也会经常光顾西山的其他地方。圆明园离清
漪园和静明园较近，乾隆帝通常会花上半天或一天的时间去这里，而离香
山静宜园则较远，一去便是三五日。[24]乾隆帝早期沿雍正旧习，一年中春、
夏、秋三季驻园而冬季回紫禁城。虽然随着乾隆帝四处巡游的时间越来越
多，在热河行宫等地居住时间也有所加长，而驻跸西山的时间有所缩短，
但毕竟仍占据了他一生中大量的时间。从乾隆帝在西山所驻留的时间长度
即可看出西山之于他的重要程度。乾隆帝喜爱西山，在这里修建苑围，也
新建了大量的景观。就香山来说，乾隆皇帝第一次来香山就感慨"徘徊不
忍去，耽静亦物诱[25]。"乾隆皇帝一生先后七十多次游览香山静宜园，每
次在香山都要驻跸三五日。在香山期间，乾隆皇帝曾写下关于政务、农事、
赏景等的诗歌 1480 余首。静宜园内殿宇众多，其中陈设的书籍、册页等
多达 7416 件（套）。[26]

　　乾隆皇帝驻跸西山，除了日常的办公和游赏园林之乐，也还有很多发
生在西山的活动。例如在西山为皇太后庆祝其七旬和八旬的万寿盛典并绘
图，也会在香山脚下的阅武楼阅武并绘图……乾隆帝多次吟咏这里，也亲
自绘制这里的一山一水，更是多次授命多位词臣和宫廷画家去绘制西山景
致。历史上不同时期的西山有不同的侧重点和关注的范围，在此集中讨论
乾隆皇帝与西山图像之关系，故讨论的主体和范围也即乾隆时期和乾隆帝
眼中的西山以及围绕西山展开的一系列图像表达。

一、乾隆朝的西山范围

　　前文已提及西山自辽金时代起就有不少皇家园林的兴建，到清代，经
过康熙、雍正两朝的建设，乾隆帝继续拓展京师西郊的山水与园林，逐渐
形成了今天所谓"三山五园"的大格局（图 1.5）。今天"三山五园"这

23 郭黛姮：《远逝的辉煌：圆明园建筑园林研究与保护》，上海科学技术出版社，2009，第 70 页。
24 张宝章：《序一》，载何瑜主编《清代三山五园史事编年：顺治—乾隆》，中国大百科全书出版
　　社，2014，第 1 页。
25 爱新觉罗·弘历：《初游香山作》，载《乾隆御制诗文全集》（一），中国人民大学出版社，
　　2013，第 588 页。
26 香山公园管理处编《清·乾隆皇帝咏香山静宜园御制诗》，中国工人出版社，2008，第 41 页。

个概念中的"三山"指的是北京西郊的香山、玉泉山、万寿山；"五园"通常指静宜园、静明园、颐和园、圆明园、畅春园。"三山五园"的格局可以说是乾隆时期形成的，但是这个概念在乾隆时期并不存在。晚清英法联军火烧圆明园之后才由侍读学士鲍源深（1811—1884）在《补竹轩文集》一书中提出"五园三山"的概念，[27] 直到今天，"三山五园"这个概念才被逐渐使用起来[28]。"三山五园"当中，除了圆明园和畅春园基本属于平地造园，另外三个园林和三座山几乎完全对应：在乾隆朝香山的面积就是静宜园的面积，玉泉山的面积就是静明园的面积，这三座山中最小的瓮山在乾隆时期改名并扩建为万寿山，万寿山和昆明湖一起属于清漪园（今颐和园）。

清代纂修的关于北京地区的地方志，主要有康熙《顺天府志》和光绪《顺天府志》，以及康熙、雍正、光绪三朝编纂的《畿辅通志》。具体顺天府下宛平地区的方志在清代有康熙朝官修的《宛平县志》。[29] 乾隆时期不像其前后几朝那样专门编纂有北京地区的方志，但乾隆时期有《日下旧闻考》的编纂。《日下旧闻考》是关于北京地区类似地方志性质的文献，

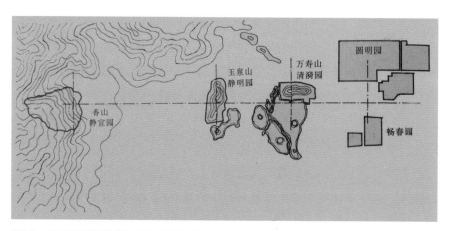

图 1.5　三山五园环境整体示意图（图片引自周维权《中国古典园林史》第二版）

27　何瑜：《三山五园称谓的由来及其历史地位》，《北京联合大学学报》（人文社会科学版）
　　2014 年第 1 期。
28　2012 年北京市第十一次党代会报告里正式使用"三山五园"的概念来指代以前"西郊清代皇
　　家园林"。张宝秀：《三山五园的地位与定位》，《北京联合大学学报》（人文社会科学版）
　　2014 年第 1 期。
29　清代宛平属于直隶顺天府附郭，以北京城市的中轴线为界，西为宛平。

全方位介绍了北京的地理、名胜等内容，在《四库全书》中属于史部地理类。此外，乾隆朝还有根据《日下旧闻考》等书籍重新精简编辑的书籍，如吴长元编写的《宸垣识略》。《宸垣识略》刊刻于乾隆五十三年（1788），也是对北京史地沿革与名胜古迹的介绍。《日下旧闻考》为乾隆皇帝钦定，是对康熙《日下旧闻》的重新考订与修正，最能体现乾隆朝北京地区最新的变化，其中关于西山部分的增改，也最能体现出乾隆帝的意图。

《日下旧闻》四十二卷编纂于康熙二十五年（1686），编者朱彝尊（1629—1709）号竹垞，浙江秀水人，他从一千六百多种古籍中选录有关北京的资料，并且亲自寻访北京各地实景，寻碑访山，也走访各地山僧野老，一边参考文献一边实地考证。书籍终于在康熙二十七年（1688）出版刊行。之后朱彝尊的儿子朱昆田（1652—1699）对此书进行了一些"补遗"，放在各卷后。《日下旧闻》可谓在当时"前此未有"。但是刊刻之时，正值清之盛期，北京地区大规模营建，城池郊野日益变化，《日下旧闻》很快就"落伍"了。乾隆皇帝面对自己进一步经营的大清帝京的新变化，钦命大臣于敏中（1714—1780）、英廉（1707—1783），窦光鼎（1720—1795）等人于乾隆三十九年（1774）对此时已经陈旧了的《日下旧闻》"删繁补阙，援古证今，一一详为考核……"[30]，同时《日下旧闻考》也增加了许多新的内容，尤其在西山有着进一步的建设。最终于乾隆五十年到乾隆五十二年编纂完成了《日下旧闻考》一百六十卷并出版。从康熙时期的四十二卷扩充到乾隆时期的一百六十卷大部头著作，是原来的近四倍，这充分反映了乾隆朝的变化与乾隆帝个人的诸多态度。

关于《日下旧闻考》中所体现的乾隆朝西山概念，有这样一段话：

> 西山乃京西诸山之总名，朱彝尊原书载于瓮山、玉泉山各条之后。今瓮山奉命改名万寿山，为清漪园地；玉泉山自圣祖时已命名静明园，皆应恭载苑囿门。兹卷编次郊西，自静明园西北各条以后，即按照方位道里所在，继以西山，凡在苑垣以外者，皆逐条胪载。至香山今奉命改名静宜园，而碧云寺亦为御跸频临之

地，则敬载于苑囿门，兹不备录。[31]

　　乾隆时期万寿山（原瓮山）是清漪园的所在地，玉泉山在康熙时候就已经命名为静明园，乾隆时期香山又改名为静宜园。这表明，乾隆时期香山、玉泉山、万寿山这三座山已经分别和静宜园、静明园、清漪园融为一体，山园不分了。在《日下旧闻》编纂的康熙时期，"其时城西玉泉、香山诸处，台沼尚未经始，故列《郊坰门》中"[32]，康熙时在西山大面积的园林建设还没开始，有关西山的内容只是放在"郊坰"门类下。但是到了乾隆时期，西山放在"郊坰"门类下讨论已经"与今制未协"[33]，不再匹配了。因为乾隆朝西山逐渐开拓皇家苑囿的范围，已然成为"御园圣地"，所以"别立苑囿一门"。[34] 如此，在乾隆朝《日下旧闻考》中对"西山"的讨论不仅出现在"郊坰"篇中，也以静宜园、静明园、清漪园的新身份出现在"苑囿"门类下。

　　《日下旧闻考》中新建立的"国朝苑囿"部分收录有南苑、畅春园、乐善园、西花园圣化寺、泉宗庙、圆明园、长春园、清漪园、静明园、静宜园。除了南苑以外，其他苑囿皆在西山一带或像乐善园这样位于去西山的路上。介绍的文字内容里除了基本的陈述地理位置等信息之外，还大量收录了乾隆帝描述该地的诗文。《日下旧闻考》中的诗文收录了大量的乾隆皇帝个人的御制诗文，不同于康熙《日下旧闻》中收录的诗文那样基本来自元明两代文人之手，由此也可见乾隆帝"钦定"的权威性和把控性。[35]

　　西山似乎一直是一个可变的概念或移动的概念。明代的西山范围由混乱逐渐清晰，在万历《海内奇观》中的《西山图》版画和康熙《古今图书集成·方舆汇编·山川典》中对西山的界定都比较清楚也较为一致地突显了香山、玉泉山、瓮山这三座山。乾隆时期更升华了这三座山，且在之前的基础上进一步在这三座山上建设园林并扩大范围，此时期这三座山被全面皇家化

31　于敏中主编《日下旧闻考》第六册，北京出版社，2018，第1673页。

32　纪昀总纂《四库全书总目提要》，河北人民出版社，2000，第1838页。

33　同上。

34　于敏中主编《日下旧闻考》第一册，北京出版社，2018，第6页。

35　关于《日下旧闻》和《日下旧闻考》的关系研究可参见李怡洋：《〈日下旧闻考〉及〈日下旧闻〉的园林研究》，硕士学位论文，天津大学建筑学院，2011。

了，山与园已经合为一体。

　　乾隆皇帝对康熙朝《山川典》中西山范围的界定是熟悉的。他在诗文中多次使用西山概念，但并无具体所指，所以"西山"之于乾隆帝来说依然有着泛指京西诸山的广义性。不同朝代甚至同朝不同人都会对"西山"的理解有不同的侧重，乾隆帝在康熙朝西山范围的基础上，将康熙时期已经排于西山前三位的香山、玉泉山、万寿山进一步强调，并充分园林化，甚至等同于园林本身。

　　《宸垣识略》中有一幅《西山图》版画（图1.6），正体现了乾隆朝的"西山"范围既是泛指，又有着特别的侧重点。版画基本以昆明湖东岸为界线一分为二，左侧部分即西山的范围，可谓一种泛指。昆明湖水库占据了相当大的面积，右侧对京城和水系的描绘皆是一种地标性的描绘，且标明京城水系的源头来自西山，强调了西山之水的重要性。在版画左侧的西山大范围中，从昆明湖北岸的瓮山开始一路向西再向南，围成环状的西山包围也保卫着昆明湖和更东侧的京城。在这广阔的西山当中，以清漪园、静明园、静宜园最为突出。可见乾隆时期的西山已经与皇家苑囿密不可分，其中又以香山静宜园、玉泉山静明园、万寿山清漪园这三组山与园的关系

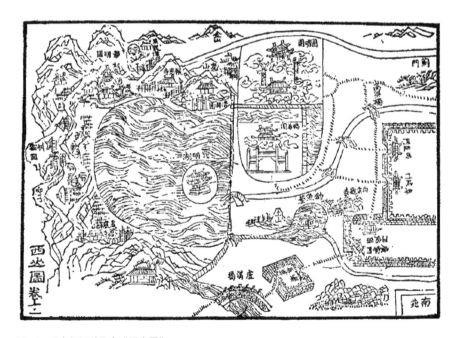

图1.6　《宸垣识略》之《西山图》

最为重要和集中。

乾隆皇帝对离紫禁城最近的这处自然山水充满了喜爱与重视。就汉文化风水观来说，乾隆皇帝也将西山提到了"龙脉"的高度，例如有"万寿山龙脉，原自西山来"的观点。那么面对西山龙脉是否可以开采的问题时，乾隆皇帝又透露出不同于明代的态度和风水观。

二、西山"龙脉"

明代刘基（1311—1375）曾在《堪舆漫兴》中说："昆仑山祖势高雄，三大行龙南北中。分布九州多态度，精粗美恶产穷通。"[36] 文中提到了中华三大龙脉皆发源自昆仑的说法。在康熙朝官方编订的《古今图书集成·方舆汇编·山川典》中，首先沿用了"诸山皆发源于昆仑"的说法，进而延续明代三大干龙也即三大龙脉的说法，其中认为北干龙"起自昆仑……一枝（支）为太行……"[37] 并认为"北京之龙发脉昆仑……至冀州拔起，西山正脉脱卸平地四十余里，由阜成门入而结都城……"[38] 在这样塑造出的观念下，正是因为这发自神山昆仑的一条龙脉通过"西山正脉"向东进入北京小平原，才结出了祥瑞的帝都皇城。由此可见，在康熙时期的官方地理类书籍中，延续了明代汉族文化风水观念，并认为北京西山位于中华三大龙脉中的北脉上。"龙脉"是汉文化中重要的风水概念，自然界的山脉与人体的经脉相互比照，里面涌动着不可视觉化的真气，外化而为山水。康熙朝政权在京城已经非常稳固，对于康熙皇帝这样一位清帝王来说，汉文化中的山水概念以及和"真龙天子"相匹配的龙脉说，都凝结在此时期的西山中。因此西山的龙脉与祥瑞风水也会像当年庇护明朝的京城一样，庇佑着清朝统治下的京城乃至整个清帝国。如此，也可从西山风水的角度看出清初康熙时期的汉族化程度。

乾隆皇帝在诗文中也常常使用"龙脉"这个风水术语，就西山来说，

---

36 转引自王子林：《紫禁城风水》，紫禁城出版社，2005，第50页。

37 陈梦雷、蒋廷锡等编纂《论北条干龙脉络》，载《古今图书集成·方舆汇编·山川典》第183册，中华书局，1934年影印本，第9页。

38 陈梦雷、蒋廷锡等编纂《南北两都山川》，载《古今图书集成·方舆汇编·山川典》第183册，中华书局，1934年影印本，第10页。

提出"万寿山龙脉，原自西山来"，通过"龙脉"来塑造西山的重要性。乾隆皇帝在面对清祖先陵墓的时候，其龙脉风水观也是奏效的。努尔哈赤（1559—1626）的陵墓——福陵——前的石堤曾受到山中洪水的冲刷和漫溢。乾隆皇帝在文中称："朕思福陵工程，风水攸关，甚为重大……著派王一人，及大臣一员，带善看风水之人，前往相度形势……"[39]面对祖陵受到冲击，乾隆帝感到风水攸关，并特意派"善看风水之人"前去考察。"陵寝后龙重地，例禁设窑烧炭。"[40]在清陵的后边总会有一大片土地作为"后龙风水"禁地。《清实录》中曾载："营汛员弁巡查后龙风水内，拏获偷树贼犯王君赐、李功二名，解送刑部治罪，并请将不能严防之营员等，交部严加议处……王君赐等敢于风水重地，偷砍树棵，实属不法，著刑部即行严审按律定拟具奏……"[41]在清陵后这样的风水禁地里，不仅不让"设窑烧炭"，连偷树都会被严惩。

那么西山的"龙脉"对于乾隆皇帝来说，是不是也是风水禁地呢？乾隆五十二年（1787），山西官员孟生蕙（1736—1810）呈给乾隆皇帝一个奏折，内容主要是出于风水的考虑，建议关闭掉对北京西山、北山一带的硫黄开采。乾隆皇帝在面对"龙脉"是否能够被开采的问题时，风水观发生了急剧的变化。奏折内容与乾隆帝的回应如下：

> 丙辰，谕曰，孟生蕙奏，请停止刘峨所奏昌平州开采硫磺一折。内称该州坐落，正当京城乾坎之位。其山即京城北面之屏障。山以虚受，气以实流。实者削之使虚则甚易，虚者补之复实则甚难等语，所奏已属迂谬。至折内复称安畿辅数百里内之坤舆，葆神京亿万斯年之元气。则国家幸甚，天下幸甚。措语更属荒诞。京城外西山北山一带，开采煤座，及凿取石块，自元明以来，迄今数百余年。取之无尽，用之不竭，从未闻以关系风水，设有例禁。岂开采硫磺，遂致于地脉有碍。即云开设磺厂，恐聚集多人，滋扰地方。则每岁采取煤斤石料。所用人夫，不知凡几。岂皆良

39 《高宗实录》（一），收入《清实录》（第九册），中华书局，1985，第151页。
40 《高宗实录》（一二），收入《清实录》（第二十册），中华书局，1986，第951页。
41 《高宗实录》（一二），收入《清实录》（第二十册），中华书局，1986，第134页。

善安分之徒。何以并未见有滋生事端之处。乃孟生蕙折内，妄以坤舆元气为辞，并以封闭开采，为天下国家之幸。夫此等重语，在杨继盛参严嵩，杨涟参魏忠贤，用之则可。今有其人，有其事乎？明朝科道朋党恶习，好为虚词，激成廷杖为荣，以致屋社，终无益于国。且开一磺矿，何关紧要，而张大其词若此。况昌平系前明陵寝所在，若以开挖矿厂，有碍昌平风水，隐为明陵起见，则孟生蕙恐不能当此罪戾。且料伊庸陋之见，未必竟敢如此设想，亦不值加以深究耳。孟生蕙人本平常，今年夏间在热河召见，奏对模糊，其才具已久在洞鉴之内。伊不过因近有京卿缺出，日内正在题本，辄先为此奏。欲思见长，以为邀恩升用地步，其居心殊为猥鄙妄诈。昨内阁进呈吏部题本，因伊系开列应升之员。况员缺并非繁要。朕因山西在朝之大员少，原已将孟生蕙补用。今伊所奏如此支离荒谬，即不重治其罪，岂可复邀升擢。所有吏部缺本，著即撤回。候朕另行简用。孟生蕙仍著交部严加议处。至昌平州开采硫磺一事，孟生蕙既有此奏，其产磺衰旺情形应否开采之处，亦宜查勘确实。阿弥达现赴昌平州查看明陵工程。著派蒋赐棨即赴该处，与阿弥达带同该地方官，亲至产磺处所，详悉履勘。如该处产磺旺盛，自应设厂开采，以资军火之需。若所产不旺，即行据实奏明，封闭停止。亦不必因有此奏。稍存回护之见。孟生蕙原折著掷还。寻奏，勘得磺矿现有磺线三条，铅线一条。请准依线开采，报闻。[42]

　　孟生蕙出于风水的考虑建议关闭掉对北京西山、北山一带的硫黄开采。其理由是"京城乾坎之位"是一道屏障，可"葆神京亿万斯年之元气"。本想迎合帝王的祥瑞风水之说，没想到反而引起乾隆皇帝的震怒。乾隆皇帝不断使用"迂谬""荒诞""庸陋"这样的词来形容孟生蕙和他的观点。乾隆皇帝认为"京城外西山北山一带，开采煤座，及凿取石块。自元明以来，迄今数百余年。取之无尽，用之不竭"。乾隆朝《清实录》中也不止一次

42　《高宗实录》（一七），收入《清实录》（第二十五册），中华书局，1986，第311—312页。

提到"京师西山一带，煤厂甚多"。[43]北京西山一带向来煤炭等矿产资源丰富，金元时期已经在开采。乾隆帝认为孟生蕙这样的风水之说是沿袭了"明朝科道朋党恶习"。乾隆帝之所以这样说，是因为明代的君臣之间，也不止一次地发生过在奏折中讨论西山开采矿产与风水的关系问题。明代的西山煤矿等资源虽然总有私人和权贵擅自开采，但官方态度一度是出于风水的考虑禁止开采的。[44]孟生蕙奏折中的态度完全是一种对明代官员之于西山问题的再现。明成化二十一年（1485）工部尚书刘昭（？—1490）曾题称："西山密迩京城，国家千万年风气攸系，屡奉旨禁约，不许开凿……"明宪宗面对朝臣这样的奏折是非常应和的："这应禁山场，累有榜例晓示，不许凿石取煤。如何内外势要人等，又敢故违？都察院便再出榜申明禁越，犯了的，枷号一个月，满日连当房家小押边卫充军。"[45]在汉文化向来重视的风水问题上，明宪宗（1447—1487）这样的皇帝是不允许出于经济利益而破坏龙脉的。

在《清实录》中不止一次提到西山煤矿与煤价的问题。早在乾隆二十六年（1761）乾隆皇帝就考虑到"京城煤价渐为昂贵"[46]，于是"着工部步军统领顺天府等各衙门会同悉心察勘煤旺可采之处，妥议规条准令附近村民开采以利民用"[47]。时隔二十年，乾隆皇帝再次强调"京师开采煤窑，为日用所必需"。[48]孟生蕙这位山西官员似乎并不了解乾隆皇帝，至乾隆五十二年（1787），他对乾隆皇帝的揣测和出于风水角度的提议失败了，他没有意识到这位清帝王在面对现实问题时竟会对西山风水说如此不屑。孟生蕙不仅没有像期待的那样邀到"龙恩"，反而还触怒了皇帝，并让乾隆帝回想起来在夏天热河的相见中，孟生蕙资质平平，奏对模糊，如今更通过这个奏折给孟生蕙定了性："居心殊为狠鄙妄诈"，并被"交部严加议处"。

43　《高宗实录》（九），收入《清实录》（第十七册），中华书局，1986，第222页。
44　高寿仙：《从禁地到利薮：权力经济下的明代西山煤炭开采》，《社会科学辑刊》2011年第6期。
45　《明宪宗实录》，转引自高寿仙：《从禁地到利薮：权力经济下的明代西山煤炭开采》，《社会科学辑刊》2011年第6期。
46　《高宗实录》（九），收入《清实录》（第十七册），中华书局，1986，第282页。
47　同上。
48　《高宗实录》（十五），收入《清实录》（第二十三册），中华书局，1986，第368页。

　　以上所透露出的乾隆皇帝对风水和西山"龙脉"的态度是复杂的。乾隆皇帝在诗文中可以轻松地沿用西山龙脉的祥瑞概念，也可以在面临祖先墓葬的时候严格保护风水禁地。但是在面对北京西北郊山地开采煤炭、硫黄这样的现实经济民生和军火问题时，这位清帝王转瞬将风水之说抛开。关于孟生蕙奏折的结果，和孟生蕙的初衷刚好相反：乾隆帝派人去查勘了孟生蕙所提的产硫黄之所，发现这里有硫黄有铅，正式批准了这里的开采工作，体现了"务实"的态度。清初康熙朝《山川典》中讲西山太行是发自昆仑的北龙脉问题，应也是一种对明代风水祥瑞用语的表面延续。清初以来皇帝虽然也会沿用汉族文化中不可或缺的风水用语，并也用来保护祖先的陵寝。但一旦"龙脉"成为阻挠现实问题的屏障，便转瞬从"祥瑞"之意象变成了"迂谬"之说。这正体现了清朝帝王风水观的复杂性。

　　乾隆朝的西山在以往的基础上，被充分皇家化、园囿化，且凸显着西山之水作为北京城水源、水库、重要水利段的重要性。但这样的西山并非紫禁城般绝对的禁地，它丰富的矿产资源依然可以被开采民用。不同于明代的统治者，乾隆皇帝不顾风水之说，勘查西山矿产资源并开采，充分体现了他的"考据"意识与"务实"的新态度。以西山为出发点，也正体现了乾隆朝的新格局。

第二章 观看、收藏与绘制

乾隆朝西山图像的绘制并非首创，也并非凭空而来，在明代就有着描绘西山的传统。虽然明代绘制西山的画作不多，但有重要画作进入了乾隆内府的收藏体系，这也构成了乾隆皇帝理解西山、观看西山的视觉基础。本章将探讨明代描绘西山的三件画作，以及对乾隆宫廷绘制的西山图像做一个基本梳理。

第一节 明代的西山绘画

明代表现北京西山的绘画现存的有王绂（1362—1416）《北京八景图》卷中的部分，文徵明（1470—1559）《燕山春色图》轴，和董其昌（1555—1636）《燕吴八景图》册中的部分，此外还有郭谌（1477—1534）《西山漫兴图》卷（图2.1）、陈沂（1469—1538）《西山图咏》卷（图2.2）等。在著录中则还有宫廷画家郭纯（1370—1444）所画的《金台八景图》、文徵明《游西山诗并绘图》、文伯仁（1502—1575）《燕台八景图》等。

明代现存表现北京西山的绘画虽然不多，但王绂、文徵明、董其昌这三位具有足够的代表性。明初王绂作为典型的文人画家，上承元四家，向下则对明中期吴门画派产生了重要的影响，文徵明则是明中期吴门画派的扛鼎之人。而董其昌作为晚明时期松江画派的领袖，继承又变革着吴派山水。三位画家贯穿明代早中晚期，皆为江南文人画家的典型代表，其风格传递有序，其笔下的西山景色极具代表性，可以说充分地反映了江南文人画家对京西山水的表达方式。其中王绂《北京八景图》卷和文徵明《燕山

图 2.1　郭谌 《西山漫兴图》卷　绢本设色　全卷纵 24.3 厘米　横 1062.5 厘米　故宫博物院

图 2.2　陈沂 《西山图咏》卷之 "出阜成门抵西山" 段
　　　　绢本淡设色　纵 23.7 厘米　横 23 厘米
　　　　故宫博物院

春色图》轴都曾是乾隆内府的重要收藏，它们影响着乾隆皇帝对西山的理解，也影响着乾隆皇帝对明人如何理解西山的理解，进而也影响着乾隆皇帝影响下乾隆朝画家对西山的理解。

一、王绂《北京八景图》卷

《北京八景图》卷署名王绂，一般都被公认为王绂真迹[1]，但一些现代学者也持有不同的看法[2]。无论如何，《北京八景图》卷的绘画依然可以作为明初王绂风格的典型面貌。

王绂是江苏无锡人，洪武中为事所累，谪居朔州十余年，永乐初年因善书法，被举荐到翰林，擢中书舍人。王绂生平好游历，曾隐居九龙山，所以也号九龙山人。《北京八景图》卷为水墨纸本，全卷共八段，分别表现了八景，每段上都有篆文小字标明此段的名称，也即八景分别的名目，每段图后还有杨荣（1371—1440）等文臣对该段景致的题诗，卷前有胡广（1370—1418）《北京八景图诗序》。《北京八景图》卷前胡广《北京八景图诗序》称，当时共有十三位翰林官员，题诗一百二十首。但中国国家博物馆藏《北京八景图》卷八幅图后的题诗不全，仅有胡俨（1361—1443）、金幼孜（1368—1432）、曾棨（1372—1432）、林环（1375—1415）、梁潜 (1366—1418)、王洪（1379—1420）、王英 (1376—1450)七人的七律诗。这和《石渠宝笈续编》中的著录是一致的。《石渠宝笈续编》中称："图中胡广序，赋诗者十有三人，今但存七人之诗……"[3] 阮元（1764—1849）在《石渠随笔》中对《北京八景图》卷的记录为："王绂《北京八景图》卷。胡俨、金幼孜、曾棨、林环、梁潜、王洪、王英等，皆各有七律题咏，引首有胡广《北京八景图诗序》。"[4] 虽言语简略，但

1　刘九庵：《宋元明清书画家传世作品年表》，茅子良校，上海书画出版社，1997，第 132 页。
2　史树青认为"王绂所绘北京八景图原有两卷，此卷题诗多少不等，既无王绂题诗，又无杨荣序（跋）文，可能是一副本"。史树青：《王绂北京八景图研究》，《文物》1981 年第 5 期。李嘉琳（Kathlyn Liscomb）认为当初原作还应是王绂所绘，但因为官吏级别低，胡广和杨荣的介绍里并没有写明绘者为谁，只是把王绂当作唱和诗的十三位翰林官员之一来记载。关于现存的这件作品，李嘉琳认为也是一件副本，是一件忠实于原作、具有王绂风格的作品。Kathlyn Liscomb,"The Eight Views of Beijing: Politics in Literati Art,"*Artibus Asiae* 49,no.1-2(1989).
3　张照等撰：《秘殿珠林石渠宝笈汇编》（3），北京出版社，2004，第 387 页。
4　阮元：《石渠随笔》，浙江人民美术出版社，2011，第 94 页。

亦可以体现王绂《北京八景图》卷为乾隆朝清宫旧藏。该卷当时贮藏于乾清宫，画上乾隆八玺全，可以说是乾隆内府中的一件重要藏品。

王绂《北京八景图》卷是何时进入清宫内府收藏体系中的呢？《石渠宝笈初编》成书于乾隆十年（1745），此时并未著录此卷。而到了成于乾隆五十八年（1793）的《石渠宝笈续编》中，则收录了王绂《北京八景图》卷。[5]此外，乾隆十六年（1751），乾隆皇帝曾写有《燕山八景诗叠旧作韵》诗，其中"金台夕照"一首，首句便写道："九龙妙笔写空濛"。[6]"九龙"指九龙山人，即王绂，在此指王绂《北京八景图》卷中所绘景象，此句诗后有小字标注："石渠宝笈有王绂燕山八景图真迹"[7]。此小字注释表明：至迟在乾隆十六年，王绂《北京八景图》卷已经入藏清宫内府，且应晚于乾隆十年。

对于乾隆皇帝来说，王绂《北京八景图》卷不仅是他的一件收藏品，也是他观察明人如何讨论北京八景文化的角度和知识来源。乾隆皇帝在《题古遗堂》诗中写道：

> 金元遗迹逮前明，揽结无端兴感情。介福延和（皆殿名）那有实，玉虹金露（皆亭名）只余名。（见王绂北京八景图识语）苍山淡淡云将吐，古树萧萧叶未生。小坐虚堂抚芸帙，诗书义示不重评。[8]

括号中文字"见王绂北京八景图识语"为原文中的小字注释，揭示了此卷画作带给乾隆皇帝关于明人讨论八景的知识。《白塔山总记》中说："至元时改为万岁山或曰万寿山，至明时则互称之，或又谓之大山子。"后边乾隆皇帝自己的小字注释同样为"见王绂北京八景图识语中"[9]。白塔山是清代的叫法，明人如何称呼此地？尤其"大山子"这个称谓乾隆皇帝也是通过王绂《北京八景图》卷中的文字来了解的。

---

5 张照等撰：《秘殿珠林石渠宝笈汇编》（3），北京出版社，2004，第381页。
6 于敏中主编《日下旧闻考》第一册，北京出版社，2018，第119页。
7 同上。
8 爱新觉罗·弘历：《乾隆御制诗文全集》（六），中国人民大学出版社，2013，第510页。
9 爱新觉罗·弘历：《乾隆御制诗文全集》（十），中国人民大学出版社，2013，第665页。

　　根据胡广在《北京八景图诗序》中所载，自金代以来，北京就有"燕山八景"的名目，"元明以来，著咏颇多"[10]。王绂《北京八景图》卷的绘制背景即为永乐皇帝（1360—1424）准备迁都北京，而这个决策在明初是有争议的。在迁都之前，一群翰林官员曾随着朱棣一同驾车巡守北京。在这群文臣当中，邹缉（？—1422）提出："纵观神京郁葱佳丽，山川草木，衣被云汉昭回之光，昔之与今又岂可同观哉？乌可无赋咏以播于歌颂？"[11]于是邹缉首先"作诗为倡"，提倡共同巡守北京的文臣皆以"北京八景"为题作诗，共同歌咏"北京八景"以示纪念并传播。连同邹缉本人，外加胡广、胡俨、杨荣、金幼孜、曾棨、林环、梁潜、王洪、王英、王直（1379—1462）、王绂、许翰共十三人一起，用112首诗歌[12]的形式，题咏了既有"山川之雄"又有"古迹之胜"的北京八景，以表明支持明成祖迁都北京的态度，并在吟咏后编辑出版。和这些诗作一起，王绂还绘制了"北京八景图"，图文一起，向留守南京等的官员传达即将成为新"神京"的绝妙景色与这里注定会蒸腾起来的帝王气象。而这些诗也分别题写在八景图之后裱为一卷。

　　因为北京地区西周时期为燕国，辽时作为首都的北京有"燕京"之称。著名的"北京八景"一般认为是从金代开始定名的，通常也名"燕京八景"或"燕山八景"，当然还有"神京八景""燕台八景"等称谓。具体的八景名称历来有所变动。《北京八景图》卷中八景名目依次为：金台夕照、太液晴波、琼岛春云、玉泉垂虹、居庸叠翠、蓟门烟树、卢沟晓月、西山霁雪。对于八景文化，宋以来关于各地"八景"的名目和诗文很多，例如苏轼（1037—1101）有《虔州八境图》诗，而作为绘画中的八景，宋迪笔下的"潇湘八景"也已经多有讨论。[13]这些作为八景文化的源头，深深影响着明清的八景诗画之作。"虔州八境"或"潇湘八景"这种既有诗文表现又有绘画表现的文化题材，也影响了"燕山八景"诗画相生的模式。

　　此图制作之初衷，是希望所绘图像可以符合实景特色的。杨荣在跋

10　于敏中主编《日下旧闻考》第一册，北京出版社，2018，第116页。

11　文字见中国国家博物馆藏《北京八景图》卷前胡广《北京八景序》。

12　诗歌数量记载有112首、124首等之说，在此采用国博本卷前胡广文字。

13　[美]姜斐德：《宋代诗画中的政治隐情》，中华书局，2009。石守谦：《胜景的化身——潇湘八景山水画与东亚的风景观看》，载《移动的桃花源》，生活·读书·新知三联书店，2015。

中说：

> 诚非欲夸耀于人，人将以告夫来者，俾有考于斯，不惟知天
> 下山川形胜之重，而又有以知八景所在，如目亲睹……

杨荣希望后人在阅览此图后，可以知道八景的具体实地所在，也希望看到这些图像的人们仿佛看到了实景。从现存的《北京八景图》卷中的确可以看出王绂在尽力"精准"地传递出各处景致的最大特色。但是这特色与灵感与其说是来自实景，不如说是来自八景的名称本身或描述八景的诗歌。

《北京八景图》卷中的"玉泉垂虹"和"西山霁雪"表现的是北京西山的两处景观。在"玉泉垂虹"段中，最抢眼的细节无外乎两山之间一泻而下的瀑布，仿佛垂落的彩虹。这一形象正应和了四字标题中的"垂虹"之形态。安静的画面除了飞瀑动感十足，其中另一处泉水也在汩汩流动着。此处流水在树木的掩映下淌过一块块小石，和右上方的瀑布相映成趣，共同体现了玉泉山中水源丰盛的特点。（图2.3）在成书于明代万历年间的类书《三才图会》中，玉泉山的形象主体也是在强调山间"垂虹"般的玉泉飞瀑以及汇聚而成的池水。（图2.4）《北京八景图》卷"玉泉垂虹"段后的题诗也非常强调玉泉山中丰沛的水资源与飞瀑似垂虹的特色。例如邹缉在卷后题写道：

> 碧障云岩喷玉泉，长流宁是瀑流悬。
> 遥看素练明秋壑，却讶晴虹饮碧川。
> 飞沫拂林空翠湿，激波溅石碎珠圆。
> 传闻绝顶芙蓉殿，犹记明昌避暑年。

诗中使用各种描述玉泉的词汇，皆具有很强的视觉性：长流、瀑流悬、素练、晴虹、飞沫、激波溅石……而应和邹缉的各位官员所写的诗文中也

图 2.3　《北京八景图》卷之"玉泉垂虹"部分　纸本　全卷共八段
全卷　纵 42.1 厘米　横 2006.5 厘米　中国国家博物馆

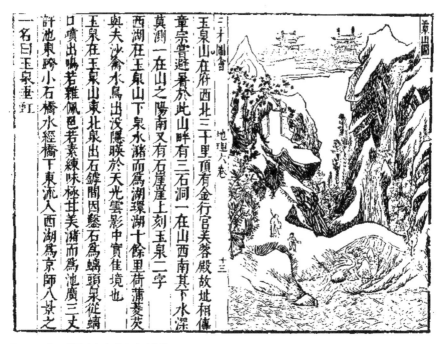

图 2.4　《三才图会》之《玉泉山图》

使用"虹悬"等概念。[14] 对于"北京八景"的赞咏，十三位翰林官员的题诗传播广泛，和图像相比同样重要。

"西山霁雪"一段，画面中山峰多留白，天际也染以墨色来突显留白之处，这构成一种满目白雪的视觉效果，刚好呼应了题目中的"霁雪"，也呼应着卷后诗文中的"银屏素壁"和"连峰积雪净如银"等文字。（图2.5）从"玉泉垂虹"和"西山霁雪"的画面和文字关系可以看出，画面中对于实景特色的提炼，基本来自标题或诗文这些文字，而且并没有强调西山和位于西山的玉泉山的地理特征和环境特色，而更强调"垂虹"和"霁雪"的特色。也即是说，画面中可以看出明确的"垂虹"和"霁雪"特征，但是是哪里的"垂虹"和"霁雪"并不能看出来。

《北京八景图》卷中并不清晰的实景特征与来自明初西山的野逸气息以及明初王绂的江南文人笔墨模式息息相关。明初王绂所描绘的西山，还不属于帝都，并无皇家风范，尽显野逸之风。且有明一代也鲜有当朝人文景观的建设。"西山古迹多金章宗所遗"[15]，明人对西山景观的游览，也多集中在对古迹的寻访[16]。《海内奇观》在《西山图》后的"西山图说"里，对西山的表述多是与寺庙、泉水有关，充满隐逸氛围。蒋一葵《长安客话》中形容玉泉山中吕公岩下的潭水"绝无世间寒煨"[17]，是没有人间烟火的隐居地面貌。关于明代的北京"西湖"，则总是让人想起江南的景象。蒋一葵提道："近为南人兴水田之利，尽决诸洼，筑堤列塍，为菑为畬，菱芡莲菰，靡不毕备，竹篱傍水，家鹜睡波，宛然江南风气，而长波茫白似少减矣。"[18] 杭州人黄汝亨（1558—1626）看到北京的西湖不免发出"不能无吾家西湖之想"[19] 的感慨。明代文人胡应麟（1551—1602）形容玉泉山："夕阳沙浦晚，凫雁起秋风。"[20] 这让人联想到"潇湘八景"中的"远

14　例如胡广："玉泉之山下出泉，泉流萦折如虹悬。"引自刘侗、于奕正：《帝京景物略》，北京古籍出版社，1980，第297页。
15　蒋一葵：《长安客话》，北京古籍出版社，1982，第55页。
16　隆庆年间，黎民表与安绍芳曾同游西山，访"祭星台""护驾岭"并作诗。蒋一葵：《长安客话》，北京古籍出版社，1982，第55页。
17　蒋一葵：《长安客话》，北京古籍出版社，1982，第48页。
18　蒋一葵：《长安客话》，北京古籍出版社，1982，第50—51页。
19　蒋一葵：《长安客话》，北京古籍出版社，1982，第50页。
20　蒋一葵：《长安客话》，北京古籍出版社，1982，第48页。

图 2.5　《北京八景图》卷之 "西山霁雪" 部分　纸本　全卷共八段　全卷纵 42.1 厘米　横 2006.5 厘米　中国国家博物馆

图 2.6　王绂、陈叔起合作《潇湘秋意图》卷之王绂所绘后半段　纸本水墨　全卷纵 25 厘米　横 441.2 厘米　故宫博物院

浦归帆" "渔村夕照"或"平沙落雁"等野逸之景。王绂曾与人合绘过《潇湘秋意图》卷（图 2.6），前段是陈叔起（1342？—1406）为友人黄思恭（1339—1431）所画，画未竟便死去，后半段为王绂继续完成。"潇湘"为宋代以来表现江南山水的一大经典题材，"潇湘"的绘画表达也常常和"八景"联系在一起。王绂所绘《潇湘秋意图》卷的结尾部分和现存《北京八景图》卷一样都是横幅长卷的构图方式，而且表现山石的皴法也有着相似的苍秀感，且山势都是向右渐渐平缓下来。王绂表现"潇湘"这一典型的江南景致和表现即将成为帝都的北京的山水非常相似。王绂无法迅速改变自己绘画语言中的"江南模式"而立即开启一套适应北方山水的笔墨样貌。

二、文徵明《燕山春色图》轴

　　文徵明一生多数的时间都是在他的家乡苏州度过的。他年轻的时候虽然身在苏州，却一心期待可以考取功名，进入北京朝廷任职。文徵明少时就享有才名，但在科举道路上一直很坎坷，从弘治八年（1495）26 岁到嘉靖元年（1522）53 岁，九次前往南京赶考却均落第失败。[21] 直到 54 岁，文徵明才终于有机会被举荐到北京翰林院任待诏一职。然而在北京为官只有三年的时间，文徵明却时常身在京城心系家乡。

1524 年，文徵明正值在北京为官，当年二月文徵明绘制了《燕山春色图》轴（图 2.7）。从画上文徵明的自题诗可知其表现的是燕山二月时节的初春景象。燕山即北京地区的山，石守谦根据北京附近的名胜和文徵明的行踪指出此图表现的应是北京的西山。[22] 文徵明还曾绘有一卷专门表现西山的图卷，后有文徵明行书七言律诗十首，经《石渠宝笈初编》著录，[23] 可惜此卷当年由溥仪（1906—1967）带出宫而散佚，后由余协中（1898—1983）带到香港，现在下落不明。[24] 虽不能看见文徵明对北京西山的另一种表现方式究竟为何，但文徵明写有《游西山诗十二首》[25]，如今还有多套文徵明《行书游西山诗》书法作品存世。

《燕山春色图》轴的画面采用了"一水两岸"式的山水构图方式，几乎没有北京西山任何具体的实景特点。石守谦将该图与文徵明其他表现江南的绘画相比较，如《茶事图》中的屋舍、《停云馆言别》中的孤松、《绿荫草堂》中的大片溪景、《雨余春树》中的几块坡角和以河景为中心的三段式构图……都和要表达燕山的此图有着颇多的相似之处，最终认定文徵明《燕山春色图》轴本意不在写燕地春景，而在于寄托家乡之思。[26] 然而文徵明之所以会在西山寄托家乡之思，也首先是因为京西一带水域丰富，这里的所谓"燕地春景"本身就具有江南山水的清秀特质。正如蒋一葵在《长安客话》中说北京西山一带："近为南人兴水田之利……菱莲靡菰，

21　文徵明应试时间分别是 1495 年、1498 年、1504 年、1507 年、1510 年、1513 年、1516 年、1519 年和1522 年。《文徵明年表》，载参见文徵明著，周道振辑校《文徵明集》，上海古籍出版社，1987。

22　石守谦：《嘉靖新政与文徵明画风之转变》，载《风格与世变：中国绘画十论》，北京大学出版社，2008。

23　"明文徵明游西山诗并绘图一卷"经《石渠宝笈初编》著录，张照等撰：《秘殿珠林石渠宝笈汇编》（1），北京出版社，2004，第 635 页。

24　郭丹：《〈佚目〉内外的文徵明书画》，《苏州文博论丛》2014 年第 1 期。

25　文徵明著，周道振辑校《文徵明集》，上海古籍出版社，1987，第 304—308 页。

26　石守谦：《嘉靖新政与文徵明画风之转变》，载《风格与世变：中国绘画十论》，北京大学出版社，2008，第 280 页。

图 2.7 文徵明 《燕山春色图》轴 纸本设色 纵 147.2 厘米
横 57.1 厘米 台北故宫博物院

靡不毕备，竹篱傍水，家鹜睡波，宛然江南风气……"《燕山春色图》轴中，文徵明笔下的京西之山并没有尽显北方山水的雄壮或有何特别之处，与王绂一样，依旧同他们笔下习以为常的那些江南山水并无二致。

《爱日吟庐书画丛录》中著录过一件绢本文徵明《燕山朔雪图》轴，"高二尺八寸二分（约94厘米），阔一尺二寸二分（约40.7厘米）"。[27]根据画题可知此卷同样是一幅描绘燕山景致的山水，只不过不再是画春色，而是画的雪景。著录描绘了画面："是帧作远岫两峰，不加皴染。而下即野水一泓，芦苇瑟瑟，雪意漫漫，极寥寂荒寒之象……"[28]根据文字描述可知此卷逸笔寥寥，用比较概念化、模式化的方式绘制，并无具体的燕山任何实景特质可言。

乾隆皇帝是否满意前人绘制的西山景色？文徵明笔下的西山是不是乾隆皇帝熟悉的那个西山？又抑或是不是他心目中的那一道山水？文徵明在《燕山春色图》轴画面的右上角自书诗一首：

> 燕山二月已春酣，官柳霏烟水映蓝。
> 屋角疏花红自好，相看终不是江南。

初春的西山，宽阔的水面倒映着蓝天，岸边霏霏烟柳正值抽芽，屋角也绽放出春天第一抹红色的小花……然而这些初春的京西美景在文徵明看来，终究比不上江南的风景。石守谦将这种对家乡的向往和对北京山水的提不起兴致归结为文徵明对"嘉靖新政"期待的落空，也预示了文徵明在完成此作两年多后的1526年冬天终于辞官归家。在画面中文徵明题诗的左侧，还有与文徵明同为长洲人并交好的友人彭年（1505—1566）用娟秀整齐的小字题诗：

> 竹树扶疏足隐沦，深山曲径绝□[29]尘。
> 空斋偶坐谈玄者，应是忘□□道人。

27　葛金烺、葛嗣彤撰：《爱日吟庐书画丛录》(1)，慈波点校，浙江人民美术出版社，2019，第58页。
28　同上。
29　□处为笔画缺损不辨的字。

　　彭年的诗文与画面的内容很相合，画面远处是远离尘世的"深山曲径"，前景松竹掩映下的茅屋中，两位文士隔琴对坐，正是诗中"空斋偶坐"的"谈玄者"。彭年描述了文人理想化的隐沦之心，而文徵明绘制此图时的心情，正是想远离北京的政治环境，即刻归隐家乡。

　　文徵明的《燕山春色图》轴在乾隆朝经《石渠宝笈初编》著录，[30]所以该图的入藏时间至迟为《石渠宝笈初编》成书的乾隆十年（1745）。

　　乾隆帝向来喜欢文徵明的绘画、书法和诗作。在《题文徵明春雨晚烟图即用其韵》这首题画诗中，乾隆皇帝非常认可文徵明的绘画水准：

> 烟重长林水涨汀，善传吴景是徵明。
> 姑苏不到安知此，解使江山气韵生。[31]

　　乾隆皇帝说文徵明善画吴地景色，将姑苏一带的江山景致表现得气韵生动。乾隆帝不仅喜欢文徵明的画，也喜欢他的诗，曾评论道："文徵明以诗画得名，向题其画多即用其韵。"[32]对文徵明的题画诗，乾隆帝往往使用文徵明在画上所题诗的诗韵来创作。此外，乾隆帝在其他人的画作上，也会使用文徵明的诗韵来赋诗题诗，例如《题陈居中画马用文徵明韵二首》《题居节品茶图用文徵明茶具十咏韵》《题唐寅松溪小幅用文徵明题句韵》……

　　但是，即使对文徵明再认同，乾隆皇帝时隔二百多年后，对于文徵明当年在北京的"不得志"还是有看法的，不像当年的彭年和文徵明之间有着文人间默契的隐沦情结。作为后代的清朝帝王，乾隆皇帝对文徵明没有半点同情和认可之心，反而充满嘲讽。和文徵明当年画下此图的时节一样，同样是一个春天，乾隆帝于乾隆三十五年（1770）仲春二月，在《燕山春色图》轴高处的山头上方题写道：

30　张照等撰：《秘殿珠林石渠宝笈汇编》（2），北京出版社，2004，第1129页。
31　爱新觉罗·弘历：《乾隆御制诗文全集》（二），中国人民大学出版社，2013，第491页。
32　爱新觉罗·弘历：《文徵明山水》，载《乾隆御制诗文全集》（八），中国人民大学出版社，2013，第828页。

东华尘爱软红酣，待诏金门衣脱蓝。

既忆江乡莼味好，何来鹏翼此图南。

　　乾隆帝在他的御制诗集中收录了此首题画诗，并阐明了自己的态度：
"阅徵明诗中颇有思乡之意，故即用其韵反以嘲之。"[33] 乾隆帝的题画诗
使用了和文徵明同样的韵，"酣""蓝""好""南"四个韵脚一字不差。
乾隆皇帝借用"东华尘"和"图南"等汉语诗中常用的典故和比喻来嘲讽
文徵明：乾隆皇帝在诗中说文徵明追逐京城俗世软尘的功名利禄，终于来
翰林院做了待诏的官职。既然来了北京不能好好为官，还是不断回忆着江
南家乡的莼菜美味，那怎么可能成为庄子"逍遥游"中真正有志向的那展
翅南飞的大鹏鸟呢？
　　文徵明在作于 1521 年的《金山诗追赋》中写道：

白发金山续旧游，依然绀宇压中流。沙痕灭没潮侵磴，帆影
参差日映楼。江汉东西千古逝，乾坤高下一身浮。谪仙故自多愁绪，
更上留云望帝州。[34]

　　金山位于今天的江苏镇江，是文徵明家乡苏州到赶考应试之地南京之
间的必经之路。金山，见证了文徵明一次次去赶考，一次次又空手而归。
在 1521 年写下这首诗的时候，文徵明已经去南京赶考过八次，次次失利。
一生追求能够考取功名并执着于此的文徵明，此时已经长出白发，不再意
气风发。金山以及周边的景象没有变化，但文徵明感慨千古流逝，也感慨
自己的命运。在诗中，文徵明自比谪仙，徒有一身才华，却不被认可，充
满愁绪。但即使如此，文徵明依然要"望帝州"，渴望去京师实现政治理
想。文徵明站在江南家乡，心系北方朝廷；身在山林，却向往庙堂。两年
之后，即 1523 年，此时已经 54 岁的文徵明终于被举荐到北京的朝廷，获
得翰林院待诏一职。然而意气风发来到北京的文徵明发现北京的政治空气

33　爱新觉罗·弘历：《乾隆御制诗文全集》（五），中国人民大学出版社，2013，第 662 页。
34　文徵明著，周道振辑校《文徵明集》，上海古籍出版社，1987，第 284 页。

并不像二十多年来想象中的那样埋想。在京师时间不长的文徵明感慨"恐亦不可久留"，向朝廷一再乞归，在 57 岁辞官出京，终返归苏州老家。在归心似箭的九品待诏眼中，京师的山水也全是江南山水的样子。文徵明曾写有《游西山诗十二首》，其中的《西湖》诗中，满眼仿佛江南的青山白鸟，再次勾起了文徵明的归家念头：

> 春湖落日水拖蓝，天影楼台上下涵。十里青山行画里，双飞白鸟似江南。思家忽动扁舟兴，顾影深怀短绶惭。不尽平生淹恋意，绿阴深处更停骖。[35]

1526 年，文徵明终于在多次乞归后获得批准可以辞官归家，在出京时留下《致仕出京马上言怀》二首，此时的文徵明依然不忘北京的西山景致：

> 独骑羸马出枫宸，回首长安万斛尘。白发岂堪供世事？青山自古有闲人。荒余三径犹存菊，兴落扁舟不为莼。老得一官常卧病，可能勋业上麒麟？白发萧疏老秘书，倦游零落病相如。三年漫索长安米，一日归乘下泽车。坐对西山朝气爽，梦回东壁夜窗虚。玉兰堂下秋风早，幽竹黄花不负余。[36]

即使乾隆帝向来喜爱文徵明的诗画，但是面对特殊而敏感的京西山水，其所携带的政治色彩让乾隆帝对文徵明不得不持否定态度。在乾隆皇帝这位清帝王的眼中，即使文徵明文采再高，绘画再生动有气韵，其首先作为一个朝廷官员是不称职和没有抱负心的。文徵明一生渴望来京为官施展自己的政治禀赋，然而文徵明二十多年来对朝廷只是一种不切实际的期待与幻想。乾隆皇帝在的画作上，题诗嘲讽了这位最终接受不了现实并不能为朝廷效忠，一心想着归家的汉族文士。这便是乾隆皇帝囊中的对一件前朝西山画作的收藏。显然乾隆皇帝并不足够满意文徵明对西山这样的诗

35　文徵明著，周道振辑校《文徵明集》，上海古籍出版社，1987，第 308 页。
36　文徵明著，周道振辑校《文徵明集》，上海古籍出版社，1987，第 326 页。

画表达。

三、董其昌《燕吴八景图》册

上文提及的王绂与文徵明都是明代典型的文人画家，分别在明代前期与中期的画坛占据着重要地位。就这两位表现的北京西山图像来说，也具有一定的共性，例如具有典型的江南文人画的笔墨方式、较为程式化的山水构图，以及并不对实景特征作刻意捕捉。《北京八景图》卷与《燕山春色图》轴两幅绘画，都曾入藏乾隆内府。董其昌作为晚明文人画坛的领袖，接过吴门画派的接力棒，依然延续着上述的风格与特质。现藏于上海博物馆的董其昌《燕吴八景图》册虽未进入过乾隆内府的收藏，但它有着和王绂、文徵明表达西山的一致性。

此套册页作于万历二十四年（1596），时值董其昌在北京担任皇长子朱常洛（1582—1620）的讲官。此图是董其昌送给好友杨彦履的，杨彦履名继礼，和董其昌同为华亭人，既是老乡又同在朝廷为官。创作此图的1596年，杨彦履南归回乡，董其昌画下了北京和松江两地代表性的景致。这八幅扇页中，"西山暮霭""西山秋色""西山雪霁""西湖莲社""舫斋候月"这五幅表现的是和北京西山有关的景色；而"赤壁云帆""城南旧社""九峰招隐"三幅表现的是松江的景色。[37]（图 2.8）

五幅表现北京燕地山水的景致皆选自西山。"西山暮霭""西山秋色""西山雪霁"直接以西山为题，而"西湖莲社"所绘为西山中的西湖，也即日后的颐和园昆明湖。画上董其昌题跋解释："西湖在西山道中，绝类武林苏公堤，故名。"和明代诸多文人一样，董其昌也强调了明代北京西湖的风景与杭州西湖的相似性。董其昌借两地景色和位于两地的居所，串联起了他与杨彦履既是同乡又是同僚的亲密友谊。同时也提到了陈继儒（1558—1639）、唐元徵（名文献）（1448—1605）、冯咸甫（名大受）另外三位同乡好友。通过画名和董其昌想要表达两地友谊与关联的目的来说，董其昌是强调实景的。但是就画面图式来说，这套图中表现北京西山的"西

---

37 单国霖：《董其昌〈燕吴八景册〉及其早期画风探》，载朵云编辑部编《董其昌研究文集》，上海书画出版社，1998，第574—576页。

图 2.8　董其昌《燕吴八景图》册　绢本设色　每开纵 26.1 厘米　横 24.8 厘米
上海博物馆　八开分别为："西山暮霭""西山雪霁""西山秋色""西
湖莲社""舫斋候月""九峰招隐""赤壁云帆""城南旧社"

山秋色"与表现松江的"九峰招隐"中，高耸的山峦与上面长有董其昌标志性树木的坡岸并没有本质的区别，即使表现松江九峰的画面中水域更为宽广，但这并不是董其昌想要强调的。正如文徵明在《燕山春色图》轴中表现的西山那样，董其昌笔下的"西山秋色"依然有着娟秀的江南面貌，即使西山本身泉水丰富、植被葱茂就和江南的山水多少有着异曲同工之妙。

"西山秋色"画面中山峦最右侧的间隙里涌动着瀑布般的泉水，仿佛王绂表现八景之玉泉山的"玉泉垂虹"之景，非常符合西山中泉水丰沛的特点。但是如果再看，画面几乎正中央的山间平台上有三间简笔而成的房屋，这又来自元人倪瓒（1301—1374）的空亭模式。画面下方树木掩映之间有两位骑驴的文人一前一后交谈着，前面的文人左手伸向前方，回头仿佛正在向身后骑着黑毛驴的文人介绍着前方的道路和景色。两位骑驴文士、倪瓒式的空亭和董其昌标志性的几种树木，皆是一种典型文人山水概念化的元素与模式，这种模式既是江南的，同样也可以是北方的。

"西山暮霭"和"西山雪霁"同样采用了非常模式化、远离实景的方式。"西山暮霭"从字面来看意在强调西山夕阳西下时的雾霭氛围。王绂《北京八景图》卷中"西山霁雪"与"玉泉垂虹"一样，画面都表现了四字词语的后两个字，也就是说画面表现了形容状态的"霁雪"与"垂虹"的面貌，而主语北京西山与玉泉山之玉泉的独特性在画面中是无法体现的。董其昌依然使用了这样的模式。此开册页非常好地体现了"暮霭"的状态，但是"暮霭"的主体是西山还是东山，是北方还是江南并不能在图像上体现出来。董其昌非常推崇"米氏云山"。"米氏云山"之于董其昌和文人画家来说，可谓一种手法，也可谓一种套路和模式。[38] 因为要表现雾霭，所以在董其昌的心目中很自然地会联想到强调烟云变幻的"米氏云山"模式。有新意的是，在以往"米氏云山"纯水墨的基础上，董其昌在两处最大山峰的山头上染了赤赭色，同样的颜色还被染在画面中间最左侧的房屋上以及画面最右侧的小桥上。这样淡色的使用，仿佛让人看到夕阳正从画面外的左上方照射下来，映红了山头和岸上的建筑。

---

38 尹吉男：《关于淮安王镇墓出土书画的初步认识》，《文物》1988 年第 1 期；黄小峰：《从官舍到草堂》，博士学位论文，中央美术学院人文学院，2008。

"西山雪霁"一开里的山体形状诡谲，正中央的小山体"上大下小"，仿佛西王母所在的"下狭上广"的昆仑山仙境一般。所有山体被通体染上浓重的石绿色，上面覆盖着一层厚厚的白雪，从白雪中滋长出来的植被无论大小，全部是红彤彤的朱砂色。山下的院落也设色鲜艳，被涂染上朱砂与石青色，高处远山之间的殿宇虽用笔疏简但气势恢宏。如此景色，除了山间有殿宇这个特点还和西山有些许关联，其余都是董其昌和晚明文人喜好的一种山水模式与山水想象。董其昌自题此图的图式来源为"仿张僧繇"。张僧繇在历史上有传派，例如，据记载唐代画家杨昇就师法张僧繇。董其昌在一套《仿古山水》册中就有一开自题为"仿唐杨昇"的没骨青绿山水。（图2.9）这同样也是对一个遥远风格的想象。董其昌通过"西山雪霁"和"西山暮霭"册页意在传达：他在用仿古的方式来表现具体的西山之景，而西山之实景特征如何并不关注。

以上三套现存的表现西山景象的绘画分别为明代早期王绂、明中期文徵明和明晚期董其昌的作品。三位画家可以说都是明代典型又著名的江南文人画家代表。通过比较可以发现，三位笔下的西山形象都是相对来说概念化的西山，从图式上来说，并不是要完全还原西山的具体实景，也没有什么元素可以让人一眼辨识所绘即是西山。即使西山中流动的泉水是西山的一个特点，但这并不构成区别其他地区山水的独特特征。而且三位画家都是在使用自己最擅长的、典型的江南文人山水画模式或仿古的模式来绘

图 2.9　董其昌　《仿古山水》册之"仿唐杨昇"青绿山水　纸本设色　纵 26.3 厘米　横 25.5 厘米　故宫博物院

制西山。他们都在使用一套已有的、熟悉的图像模式来嫁接到对北京西山图像的表达上。王绂的"西山霁雪""玉泉垂虹"和董其昌的"西山暮霭"图中可以看出画家对四字标题词语中描述状态的后两个文字的表达比较充分，而作为前两个字的主体，并不能通过图像被辨识，可见对画题文字的依赖。其中王绂、文徵明笔下的西山图像都为乾隆内府的重要收藏，这都影响着乾隆皇帝对西山图像的观察与理解，也渗透到乾隆朝宫廷画家绘制西山图像时的思考。

第二节　乾隆朝的绘制

　　清代表现北京西山的绘画几乎集中在乾隆朝的宫廷绘画范围内。乾隆朝西山图像的绘制可谓在历史上最多、最集中。前文在讨论乾隆朝西山概念的时候已经提到，此时期的香山、玉泉山、万寿山三山在前代的基础上进一步提炼成为此时期最能代表西山的三座山，且乾隆朝对三座山的进一步皇家化和苑囿化，促使三座山分别和静宜园、静明园、清漪园三座苑囿紧密联系在一起。乾隆朝的西山图像也集中在这已经山园难分的三山三园上。乾隆时期于敏中主编的《日下旧闻考》与康熙时期朱彝尊主编的《日下旧闻》其中一个在体例上的很大不同之处，就是于敏中将以往朱彝尊原书本放在"郊坰"篇中的瓮山、西湖、玉泉山、香山诸地，"摘叙"到了"国朝苑囿"篇中独立成章，凸显了乾隆时期西山被皇家苑囿化的特点。乾隆朝的不少西山图像都是强调对苑囿的表现。

　　现存表现乾隆朝西山的图像约有十幅，[39] 它们的绘制者有乾隆皇帝本人，有宗室画家，也有重要的词臣画家以及宫廷画家。绘画形制也非常丰富，例如对静宜园这一处景观的表现，就分别有手卷、立轴、册页的不同装裱方式。这些绘画在绘制后虽都经过著录和分别贮藏，但都有着各自的命运。有些始终都保存在紫禁城中，直到今天；而有的在晚清被溥仪带出宫，后被各地博物馆征集入藏；有的则属于博物馆之间的调拨。在溥仪赏溥杰

39　参见"附录一"。

(1907—1994)的清单中有：弘旿（1743—1811）《都畿水利图》卷（现藏中国国家博物馆）、董邦达（1696—1769）《静宜园二十八景图》一轴（现不存）、王绂《北京八景图》一卷（现藏中国国家博物馆）、张若澄（？—1770）《静宜园二十八景图》一卷（文物局调拨给故宫博物院）。[40] 沈阳故宫博物院 1954 年后陆续从吉林长春伪满皇宫小白楼中征集了一些重要书画作品，其中包括现藏沈阳故宫博物院的《静宜园图》册。[41] 沈阳故宫博物院现藏方琮《静明园图》屏是 1959 年调拨自故宫博物院。[42]

　　清宫绘制的西山图像中，有一些虽然不存，但《石渠宝笈》、清宫内务府造办处档案、清宫陈设档案等文献中有所记录。[43] 有些著录和现存画作能够对应，更多文献中的绘画今不存，可以说整体互为补充，呈现了当时宫廷中的绘制情况。就表现香山静宜园的绘画来说，通过对整体绘制情况的考察可知，乾隆八年（1743）乾隆皇帝第一次去香山后，当年就让画家去香山考察并画香山图，且先画画稿，乾隆帝同意后再进一步作画。乾隆十一年（1746）建成静宜园二十八景后，宫廷陆续开始绘制静宜园二十八景图。其中，有册页、手卷等常规装裱形制，也有大型绘画，如贴落或大轴。例如乾隆十一年，唐岱（1673—？）、沈源曾"合画香山图一幅，高一丈五尺（5 米），宽九尺（3 米）"。[44] 同年稍晚，沈源、董邦达前往香山绘图起稿呈览，"起得画稿一张，高九尺四寸（约 3.13 米），宽一丈四尺（约 4.66 米），进呈御览，奉旨着董邦达沈源合笔准画"。[45] 档案中的这两幅都应为大型贴落。此外，有的则裱成大轴形式，如乾隆八年（1743）"太监高玉交香山大图一张（系唐岱、沈源合笔）……大画裱轴子"[46]。这种大型绘画通常都悬挂张贴于具体殿宇之中，而非像小型

40　方裕瑾：《溥仪赏溥杰宫中古籍及书画目录（上）》，《历史档案》1996 年第 1 期；方裕瑾：《溥仪赏溥杰宫中古籍及书画目录（下）》，《历史档案》1996 年第 2 期。

41　李理、王建芙：《墨彩纷呈 卓荦大观——沈阳故宫院藏明清绘画综述》，《中国书画》2013 年第 4 期。

42　李理：《沈阳故宫藏〈石渠宝笈〉著录绘画作品》，《沈阳故宫博物院院刊》2011 年第 00 期。

43　参见"附录二"。

44　中国第一历史档案馆、香港中文大学文物馆合编《清宫内务府造办处档案总汇》（14），人民出版社，2005，第 419 页。

45　中国第一历史档案馆、香港中文大学文物馆合编《清宫内务府造办处档案总汇》（14），人民出版社，2005，第 422 页。

46　中国第一历史档案馆、香港中文大学文物馆合编《清宫内务府造办处档案总汇》（11），人民出版社，2005，第 781 页。

卷轴册一样贮藏起来。而有的实景绘画就悬挂于其实地。例如乾隆十二年
（1747）董邦达画香山图一张，和梁诗正（1697—1763）的书法一起，"托
表大轴子二轴，得时在静宜园勤政殿内两边大案上挂。"[47] 勤政殿可以说
是香山静宜园中最重要的政治空间。静宜园中最适宜陈设的山水画也理当
是对该实景本身的描绘，根据董邦达绘制的其他现存香山静宜园图来看，
此图也一定是具有明确实景特征的，且具有舆地图性质。此外，根据乾隆
后嘉道时期的文献记载可知，表现香山静宜园的绘画也曾在雍和宫、颐和
园等处存放。[48]

　　乾隆朝绘制西山图像的画家身份是多元的，其中充满互动关系。在乾
隆朝宫廷绘制的西山图像中，就表现内容来看，以香山静宜园最多，有张
若澄《燕山八景图》册中的《西山晴雪》一开、张若澄《静宜园二十八
景》卷、董邦达《静宜园二十八景图》轴、"张若霭"（1713—1746）《静
宜园图》册[49]。此外还有李世倬（？—1770）表现香山上的某一处景观的
《皋涂精舍图》轴等。在《清宫内务府造办处档案》中还有一些关于前往
香山画香山图的记录，其中有作为宫廷职业画家的唐岱、沈源，还有郎世
宁（1688—1766）、董邦达，都曾亲自前往香山画图并绘稿呈览乾隆帝。[50]
绘制玉泉山静明园的有张若澄《燕山八景图》册中的《玉泉趵突》一开，
另有方琮《静明园图》屏十六幅，还有乾隆帝御笔绘制的静明园中的一
景《竹炉山房图》轴，档案中还记录有乾隆皇帝曾于乾隆八年（1743）"旨

47　中国第一历史档案馆、香港中文大学文物馆合编《清宫内务府造办处档案总汇》（15），人民
　　出版社，2005，第494页。
48　嘉庆五年（1800）雍和宫大和斋明殿有"静宜园二十八景图一卷"。故宫博物院编《故宫博物
　　院藏清宫陈设档案》四十三册，故宫出版社，2013，第897页。道光二十四年（1844）颐和园
　　勤政殿北库有"静宜园二十八景册页二册"。中国第一历史档案馆、北京市颐和园管理处编《清
　　宫颐和园档案·陈设收藏卷》（十二），中华书局，2017，第5398页。
49　沈阳故宫博物院将此套册页定名为张若霭画，《中国古代书画图目》中的记录也是如此。但该套
　　册页缺失四开，在现存的24开中并没有作者款印。且《石渠宝笈》、清宫内务府造办处档案、
　　清宫陈设档案等文献中没有出现过张若霭绘制静宜园图的记录。《石渠宝笈》中记录的以册页为
　　形制的静宜园图唯有董邦达绘制过，在《石渠宝笈续编》中著录为"御笔静宜园诗并记（一册）"，
　　具体内容为乾隆御笔书"静宜园记"后"董邦达设色画香山二十八景"。参见张照等撰：《秘殿
　　珠林石渠宝笈汇编》（4），北京出版社，2004，第1323—1324页。沈阳故宫博物院藏《静宜园图》
　　册中的内容、风格与《石渠宝笈》中著录的"御笔静宜园诗并记（一册）"中的信息高度一致。
　　所以沈阳故宫博物院藏《静宜园图》册应为董邦达绘制。绘者信息不是本书的核心，以后有机会
　　可进一步讨论。
50　参见"附录二"。

唐岱、郎世宁、沈源着往香山、玉泉二处看其道路景界，合画人画二幅，长九尺，宽七尺，起稿呈览"[51]。表明了三人合画过香山、玉泉山两处景象的大画。

　　清漪园不像其他几处皇家苑囿那样有专门的图像表现。并不是因为乾隆帝不重视这里，而是乾隆帝不愿大肆宣扬他又建造了这样一处大型奢华的皇家苑囿。乾隆九年（1744）圆明园的扩建工程完工，乾隆帝写了一篇《圆明园后记》，文中大肆赞美了这座有"万园之园"之称的宏伟园林是"天宝地灵之区，帝王豫游之地，无以逾此"，并昭告天下"后世子孙必不舍此而重费民力，以创建苑囿，斯则深契朕法皇考勤俭之心以为心矣"。[52]然而不久之后清漪园开始默默地动工了。乾隆帝感到再次建造另一座奢侈的园林违背了自己之前在《圆明园后记》中警惕子孙勤俭的说法。乾隆帝往往每建造一个园林就会写一篇后记以记录，但《万寿山清漪园记》迟迟没有写，隔了十年之后才动笔，并在文中感慨了自己的食言问题："与我初言有所背，则不能不愧于心。"[53]在这样害怕时人和后人诟病自己动劳民力奢侈建园的心态下，乾隆朝的宫廷绘画中并没有专门描绘清漪园的图像。由于构成清漪园水面的昆明湖具有西山一带重要的水利作用，广阔的昆明湖形象和地标式的万寿山形象出现在了宗室画家弘旿表现京城及周边水系水利问题的《都畿水利图》卷中。由于万寿山本为皇太后祝寿之用，所以该形象也出现在了《万寿图》卷中。相关绘画的具体论述将在后文中陆续展开。这些西山图像折射出极其多元的方方面面。除了绘制者身份、绘画形制、清宫贮藏地、今天馆藏分布等多元之外，更重要的是，西山图像涉及的问题、其反映的观念也是多元的。

51　中国第一历史档案馆、香港中文大学文物馆合编《清宫内务府造办处档案总汇》（11），人民出版社，2005，第380页。
52　于敏中主编《日下旧闻考》第四册，北京出版社，2018，第1323—1324页。
53　于敏中主编《日下旧闻考》第五册，北京出版社，2018，第1393页。

第三章 由虚入实：明清"燕山八景图"中的西山

　　乾隆皇帝作为王绂《北京八景图》卷的收藏者，很喜爱这幅明代表现北京八景的长卷。但在这位清朝帝王眼中，此时的"北京八景"已经与当年朱棣要迁至北京为都时的"北京八景"不同了。乾隆时期的"北京八景"和前朝的"北京八景"有何不同？改朝换代后的新帝都，将如何匹配这既是身边真实景致，又是传统文化题材的"北京八景"？乾隆帝曾授命自己的词臣画家张若澄绘制了一套同题材的画作，即《燕山八景图》册。（图3.1）乾隆帝让张若澄重新绘制此题材的初衷是什么？又达到了怎样的效果？画面如何体现了乾隆帝之于八景的态度和意识？都是对"燕山八景"题材的描绘，但明清不同时期，其表现是有差异的，这也彰显着乾隆帝在审美观与政治观上和明代的差异。

　　张若澄笔下的"燕山八景"不同于明代的长卷形式，而是采用了八开册页的形式，进一步拓展了"燕山八景"题材的绘画表现力，且将每一处景致都描绘得更为细致。每一开册页的对开，都是乾隆帝御笔行书，内容为对此开景致的题诗。其诗内容为作于乾隆十六年（1751）的《燕山八景诗叠旧作韵》。最后一开册页上张若澄自题："臣张若澄敬写。"下钤"臣若澄""笔沾恩雨"二方印。本套册页乾隆帝"八玺全"，画面上没有年款，但对开题诗后留有年款为"壬申长夏御笔"，也即乾隆十七年（1752）。此册经《石渠宝笈续编》著录，时为养心殿藏。

　　张若澄字镜壑，号默耕、款花庐主人。清代安徽桐城人，乾隆十年（1745）进士，官至内阁学士。其兄张若霭也是乾隆朝宠臣，雍正十一年

卢沟晓月

太液秋风

居庸叠翠

玉泉趵突

琼岛春阴

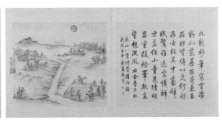

蓟门烟树

西山晴雪

金台夕照

图 3.1　张若澄　《燕山八景图》册　纸本设色　共八开　每开纵 34.7 厘米　横 40.3 厘米　故宫博物院

（1733）进士，字画端楷，官至内阁学士。[1] 两兄弟出生于桐城一个官宦世家，其祖父张英（1637—1708）、父亲张廷玉（1672—1755）皆为清代名臣。不同于供职在画院的职业宫廷画家，张若澄的身份首先是文臣，可谓翰林画家或曰词臣画家。其一生绘制的画作不少，多受命于乾隆皇帝。在这套册页中，"西山晴雪"和"玉泉趵突"两开均为表现西山之景，具体分析将在后文中展开。

　　除了张若澄绘制《燕山八景图》的一套册页，乾隆皇帝本想根据"近作燕山八景诗"来"拟成长卷各图之"。乾隆皇帝将这个意向题写于董邦达《居庸叠翠图》轴（图 3.2）的上半部分：

> 近作燕山八景诗，拟成长卷各图之。侍臣承旨开生面，又见岩关叠翠奇。具来粉本写神能，万树丹青缋绣棱。近卫皇州巩北户，底须乘传拟嘉陵。缭白萦青矗万螺，黉缘鸟道忆曾过。弹琴峡口双松侧，勒壁诗应蔚碧萝。辛未九月御题。

　　该诗名为《题董邦达居庸叠翠图》[2]，此画作经《石渠宝笈续编》著录，时为乾清宫藏。画面描绘了居庸关的几处景致，各标出名目如下：北口、八达岭、叠翠峰、弹琴峡、居庸关、道阳坡、南口。画面左下角董邦达自题"臣董邦达敬绘"，钤印二："臣邦达印""染翰"。乾隆鉴藏八玺全，另钤"嘉庆御览之宝""宣统御览之宝""宣统鉴赏""无逸斋精鉴赏"几枚印。画上御题时间"辛未九月"即乾隆十六年（1751）九月。诗中所题的"近作燕山八景诗"为同年早些时候写的《燕山八景诗叠旧作韵》，该组诗中分别题咏了琼岛春阴、太液秋风、玉泉趵突、西山晴雪、蓟门烟树、卢沟晓月、居庸叠翠、金台夕照这八处金元明以来一向知名的京城胜景。[3]

　　并没有像乾隆帝诗中本来预计的那样，实际上除了董邦达绘有"居庸叠翠"一景之外，并没再有董邦达这样的"侍臣"成系列地画过"燕山八景"，更没有诗中说的"长卷"可言。乾隆朝宫廷绘制现存唯一集中描绘"燕

1　王锺翰点校《清史列传》（第四册），中华书局，1987，第 1047—1048 页。
2　爱新觉罗·弘历：《乾隆御制诗文全集》（二），中国人民大学出版社，2013，第 562 页。
3　爱新觉罗·弘历：《乾隆御制诗文全集》（二），中国人民大学出版社，2013，第 544—546 页。

图 3.2　董邦达　《居庸叠翠图》轴　纸本设色　纵 127.6 厘米　横 61.7 厘米
台北故宫博物院

山八景"的绘画，目前来看只有张若澄绘制的《燕山八景图》册。

弘历在做皇子时期，于雍正九年（1731）就写下过一组《燕山八景诗》，共八首。[4] 所以乾隆十六年乾隆皇帝再创作的同题材诗命名为《燕山八景诗叠旧作韵》。当然，通过对档案和乾隆帝诗文的整理，我们发现乾隆皇帝对八景的兴趣始终存在。据《清宫内务府造办处档案》记载，乾隆十八年（1753）"太监胡世杰传旨，着张稿仿画燕山八景册页，上房屋放大其山树，着张宗苍画。钦此"[5]。乾隆十九年（1754）"十一月二十五日太监胡世杰交来帝京八景大画一张，传旨着众人添补赶画，钦此。（于本年十二月二十四日将帝京八景大画一张呈进讫）"[6]。乾隆二十一年（1756）曾"着方琮画燕山八景一册"。[7]

根据文献记载可知，乾隆皇帝写下《燕山八景诗叠旧作韵》诗之后的五年里，曾有不同的词臣画家或宫廷画家绘制过"燕山八景"题材，由此可见乾隆皇帝对"燕山八景"题材的热衷。作为词臣画家，张若澄《燕山八景图》册尽可能地体现了乾隆皇帝的意志。该套册页的绘制是出于对乾隆帝诗意的表现。通过此也正记录了乾隆朝"燕山八景"的新实景样貌。

第一节　西山二景的重新定名

"燕山八景"自金代形成以来大致相同，但具体八景的名目历朝历代都有所变动。"燕山八景"中有两景是位于西山的。王绂《北京八景图》卷中，关于西山的两处景致名为"西山霁雪"和"玉泉垂虹"。而到了乾隆朝张若澄绘制的《燕山八景图》册中，乾隆皇帝将该二景改名为"西山晴雪"和"玉泉趵突"。

4　爱新觉罗·弘历：《乾隆御制诗文全集》（一），中国人民大学出版社，2013，第253—254页。
5　中国第一历史档案馆、香港中文大学文物馆合编《清宫内务府造办处档案总汇》（19），人民出版社，2005，第557页。
6　中国第一历史档案馆、香港中文大学文物馆合编《清宫内务府造办处档案总汇》（20），人民出版社，2005，第390页。
7　中国第一历史档案馆、香港中文大学文物馆合编《清宫内务府造办处档案总汇》（21），人民出版社，2005，第636页。

通过对以往文献的梳理可知，乾隆皇帝放弃了明代和清康熙时期"西山霁雪"的用词，[8] 而使用了元代已经在使用的"西山晴雪"之名。[9] 乾隆朝重新敲定的八景名目中，唯有"玉泉趵突"的更名是乾隆帝独创的。此景为西山玉泉山之景，在清以前一直被称作"玉泉垂虹"，强调这里流水落差的姿态宛若垂落的一条彩虹。然而清代康熙朝《宛平县志》中更名为"玉泉流虹"[10]，而到了乾隆皇帝则更名为"玉泉趵突"，皆是对于玉泉泉水流动的姿态有所重新定名。

乾隆帝对"玉泉趵突"的重新命名来自他作于乾隆十六年（1751）的《燕山八景诗叠旧作韵》，其中《玉泉趵突》这首五言诗的序和内容如下：

> 西山泉皆洑流，至玉泉山势中，豁泉喷跃而出，雪涌涛翻，济南趵突不是过也。向之题八景者，目以垂虹失其实矣，爰正其名且表曰："天下第一泉"，而为之记。
>
> 玉泉昔日此垂虹，史笔谁真感慨中。
> 不改千秋翻趵突，几曾百丈落云空。
> 廓池延月溶溶白，倒壁飞花淡淡红。
> 笑我亦尝传耳食，未能免俗且雷同。[11]

乾隆皇帝题写在张若澄《燕山八景图》册中《玉泉趵突》一开的对开题诗就是这首。（图3.3）在这段文字中，乾隆皇帝在诗前序中认为以前"玉泉垂虹"这个说法有失其实，乾隆帝眼前所看到的玉泉山之玉泉，不过就像之前在山东济南看到的"喷珠屑玉各澜翻"[12]的趵突泉一样，就地汩汩而流，并没有一落千丈的垂虹之势，所以要为其正名为"玉泉趵突"。但是弘历在成为帝王以前的皇子阶段还是人云亦云地延续着"玉泉垂虹"的

8　明代见王绂《北京八景图》卷。康熙时期见王养濂等纂修，王岗点校整理《康熙宛平县志》，北京燕山出版社，2007，第26页。

9　鲜于必仁：《折桂令·燕山八景·西山晴雪》，载徐征、刘庆国编著《元曲赏析》，花山文艺出版社，1985，第220页。

10　王养濂等纂修，王岗点校整理《康熙宛平县志》，北京燕山出版社，2007，第26页。

11　爱新觉罗·弘历：《乾隆御制诗文全集》（二），中国人民大学出版社，2013，第545页。

12　爱新觉罗·弘历：《再题趵突泉诗》，载《乾隆御制诗文全集》（二），中国人民大学出版社，2013，第224页。

图3.3   张若澄《燕山八景图》册之《玉泉趵突》

叫法。弘历在雍正九年（1731）所作《燕山八景诗》中的《玉泉垂虹》一首诗内容如下：

> 涌湍千丈落垂虹，风卷银涛一望中。
> 声震林梢趋众壑，光浮练影挂长空。
> 跳波激石珠九碎，溅沫飞花玉屑红。
> 自此恩波流处处，公田时雨泽应同。[13]

　　这首诗沿用历来流传的"玉泉垂虹"之名，然后结尾句由对泉水景致的描写也模式化地升华到对农田雨水的关照。但到了乾隆十六年（1751），他不仅更名为"玉泉趵突"，并在诗的尾句表现了他对之前自己诗句和认识的不满："笑我亦尝传耳食，未能免俗且雷同。"早已是帝王的高宗弘历嘲笑了年轻时候的自己也以耳传耳、人云亦云的雷同之俗。

　　"玉泉趵突"不仅是更名后的燕京八景之一，也作为乾隆时期定名的玉泉山的"静明园十六景"之一。乾隆帝在乾隆十八年（1753）写的《题静明园十六景》中的《玉泉趵突》一诗中再次强调了对这里的定名问题：

13　爱新觉罗·弘历：《燕山八景诗·玉泉垂虹》，载《乾隆御制诗文全集》（一），中国人民大学
　　出版社，2013，第253页。

> 泉自山腹潆出，燕山八景目以垂虹者，谬也。兹始为正之。[14]

乾隆皇帝再次提到玉泉山的泉水形似垂虹这个说法是错误的，要为之正名。所以在乾隆十六年（1751）诗序中说的"目以垂虹失其实"便是乾隆帝要对此景重新定名的理由，这也反映了他要对实地考证、要眼见为实的态度。这对"实"的强调则透露着乾隆帝个人对史地考据学的重视与实践。

相比较，明代王绂《北京八景图》卷中的"玉泉垂虹"一段，着重强调的还是玉泉山泉水瀑布般的垂落感，而张若澄《燕山八景图》册中的"玉泉趵突"，紧扣乾隆皇帝新的考证发现，很好地体现了乾隆帝的考证和更名。"有失其实"的垂虹形象不再出现，取而代之的，则是乾隆帝指出的"自山腹潆出"的"雪涌涛翻"的玉泉形象。除此之外，王绂写意笔法下的玉泉之景，更似理想文人山水，缺乏辨识度。而张若澄笔下，用笔严谨细腻，不光表现了玉泉，对玉泉所处的大环境也尽可能"实"而"全"地表现出来。

在内府收藏中，乾隆皇帝对赵孟𫖯的《鹊华秋色图》卷"爱不释手"，不仅书写引首，还在画心和后隔水等处题跋九则，并盖满玺印。《鹊华秋色图》卷也是一件实景山水作品，表现了以山东济南郊区的华不注山和鹊山为主的景色。（图 3.4）此卷被《石渠宝笈初编》著录之后，乾隆皇帝还是会不断拿出来观赏此图。有趣的是，1748 年乾隆帝巡狩山东，想起此图，便命人火速从紫禁城取来，对照着鹊华二山实地景致进行欣赏时，发现了赵孟𫖯犯了地理上的"错误"，即鹊山不应像赵孟𫖯在画面中自题中所说的"其东则鹊山也"，而实际应该在西面，应为"东华西鹊"[15]。华不注山与鹊山的实际地理关系确实如乾隆皇帝所说，华不注山相对在东面，而鹊山在西面。由此也可以看出乾隆皇帝对实景山水与实地考据的态度。乾隆皇帝对一个地区的认知，不局囿于史籍，还要实地勘察。他对实地考证的兴趣还有很多，例如专门写有《热河考》《济水考》等文章。乾隆皇帝在《御批通鉴辑览》中的大量批语中有许多是对历史问题的辨误订

14　爱新觉罗·弘历：《题静明园十六景》之《玉泉趵突》，载《乾隆御制诗文全集》（三），中国人民大学出版社，2013，第 139 页。

15　见卷上乾隆帝题跋。

图 3.4　赵孟頫　《鹊华秋色图》卷　纸本设色　纵 28.4 厘米　横 93.3 厘米　台北故宫博物院

讹，此外乾隆皇帝对西域和北京等地区都进行了诸多的考察核实工作……[16]
对"燕山八景"的重新定名也是乾隆帝个人重视地理考据、不迷信前人的
求实态度的反映。

第二节　御园与御碑形象的结合

在乾隆十六年（1751）这一年中，乾隆帝实地亲证燕山八景，给表
现西山的二景重新定名，同时还重写了八景诗，并给燕山八景分别立下御
碑。御碑的正面为御笔行书题写的四字景名，背面为乾隆帝对于该景的题
诗，也即《燕山八景诗叠旧作韵》中的相应内容。张若澄受命绘制的《燕

16　乔治忠：《乾隆皇帝的史地考据学成就》，《社会科学辑刊》1992 年第 3 期 。

山八景图》册对开内容也为乾隆皇帝的题诗《燕山八景诗叠旧作韵》。此套册页虽无年款，但最后一开对开御题诗时间为乾隆十七年（1752），故此图的绘制当发生在乾隆十六年（1751）或乾隆十七年（1752），具体来说发生在乾隆帝对八景重新考订立碑等一系列活动之后。

在张若澄的这套册页中，"西山晴雪"和"玉泉趵突"这二景不仅使用了乾隆帝最新的命名，画面中还绘制了新出现的御碑形象。此外，通过画面中对立碑位置的描绘和对周边格局与建筑景观的绘制，可以看出这两幅册页中的实景特征非常明确，正分别描绘了乾隆帝的两处西山御园之景——香山静宜园与玉泉山静明园。

一、"西山晴雪"与香山静宜园

张若澄笔下的《西山晴雪》描绘了层叠的山峦，上面覆盖满了皑皑白雪。（图 3.5）比较王绂《北京八景图》卷中泛泛而画的"西山霁雪"部分，虽然都是白雪铺满山峦，但张若澄此图明确地表现了香山中的一处具体景观，更确切地说，此册页描绘了静宜园二十八景之一"香雾窟"及其周边一带的景致，且非常尊重实景特点。此册页对开御制诗为《燕山八景诗叠旧作韵》之《西山晴雪》：

图 3.5　张若澄　《燕山八景图》册之《西山晴雪》

久曾胜迹纪春明，叠嶂嶙峋信莫京。

刚喜应时沾快雪，便教佳景入新晴。

寒村烟动依林臬，古寺钟清隔院鸣。

新傍香山构精舍，好收积玉煮三清。

诗文强调了香山的快雪时晴之景。以北京为都城的皇帝都青睐香山。香山在金代即开始营建，《金史·世宗纪》载："大定二十六年（1186）三月，香山寺成，幸其寺，赐名大永安寺。"[17] 金章宗也多次游幸香山。至元代，元世祖曾"幸香山永安寺"，元仁宗则"给钞万锭修香山永安寺"[18]。明代的香山则更为鼎盛，寺观众多，"京师天下之观，香山寺，当其首游也"[19]。清康熙年间这里为香山行宫，乾隆皇帝常驻圆明园，而香山离圆明园只有十余里，乾隆八年（1743）乾隆皇帝第一次来香山"游而乐之"，还写下了《初游香山诗》，从此以后"或值几暇，辄命驾焉"[20]。乾隆皇帝在《静宜园记》里提到乾隆乙丑（1745）秋七月开始在旧行宫的基础上修建静宜园，乾隆丙寅（1746）春三月建成。[21] 乾隆皇帝在乾隆十一年（1746）写有《静宜园二十八景诗》，也即在此时给静宜园定名了二十八处景观，且诗中分咏了这二十八景。[22] 这二十八景分别是勤政殿、丽瞩楼、绿云舫、虚朗斋、璎珞岩、翠微亭、青未了、驯鹿坡、蟾蜍峰、栖云楼、知乐濠、香山寺、听法松、来青轩、唳霜皋、香岩室、霞标磴、玉乳泉、绚秋林、雨香馆、晞阳阿、芙蓉坪、香雾窟、栖月崖、重翠崦、玉华岫、森玉笏、隔云钟。

张若澄《西山晴雪》非常尊重实景，其表现的地理方位以右侧为北，图中描绘的位于最核心位置的建筑群即为静宜园二十八景之一的"香雾窟"。而"香雾窟"右侧（北侧）紧邻的小山脊上，一块石碑耸然挺立，

17　于敏中主编《金史·世宗纪》，载《日下旧闻考》第五册，北京出版社，2018，第1463页。
18　于敏中主编《元史·仁宗纪》，载《日下旧闻考》第五册，北京出版社，2018，第1463页。
19　刘侗、于奕正：《帝京景物略》，北京古籍出版社，1980，第229页。
20　爱新觉罗·弘历：《静宜园记》，载《乾隆御制诗文全集》（十），中国人民大学出版社，2013，第349页。
21　同上。
22　爱新觉罗·弘历：《乾隆御制诗文全集》（一），中国人民大学出版社，2013，第800—807页。

图 3.6　乾隆"西山晴雪"御碑（正面）

这块石碑正是对乾隆十六年（1751）所立"西山晴雪"御碑（图 3.6）的描绘。不同于明代西山图像的是，乾隆时期的"西山晴雪"和其他的燕山七景一样不再是宽泛而概念化的，此时变得非常具体。乾隆皇帝对于该景立碑的位置，选取了香山静宜园中位于西北的半山腰之处。香雾窟和御碑所处的位置在香山静宜园偏西北方的地方。

　　乾隆皇帝曾赋诗感慨"香雾窟"："将谓最高处，更有无穷境。"[23] "香雾窟"为香山静宜园中最高的一组建筑群，再往上便是香山最高峰了。乾隆皇帝还曾描述过这里：

> 历玉华岫而上，西南行，陟山巅，是园中最高处。就回峰之侧为丽谯，睥睨如严关。由石磴拾级而上，则山外复有群山，屏障其外，境之不易穷如此。人以足所至为高，目所际为远，至此可自悟矣……[24]

23　爱新觉罗·弘历：《乾隆御制诗文全集》（一），中国人民大学出版社，2013，第 805 页。
24　同注 23。

　　张若澄此开册页的正中，忠实地描绘了"由石磴拾级而上"的主要石阶山路，而整体气势也正反映了乾隆帝文中"山外复有群山，屏障其外"的层峦叠嶂之感。位于香雾窟建筑群最前面的牌坊也是对实景如实的描绘。《日下旧闻考》中记载的香雾窟中介绍了其东面的牌坊情况：

> 　　香雾窟为二十八景之一，即静室也。东面大坊座额曰香圃，曰琪林，其前小坊座额曰虹梁，曰月镜，南曰攒萝，曰环绮，北曰丹梯，曰翠壑，与西山晴雪石刻皆皇上御书。[25]

　　画面中香雾窟东面的牌坊即应是《日下旧闻考》中提到的有乾隆帝御题"香圃""琪林"的大坊座。可惜香雾窟的原建筑在 1860 年被英法联军焚毁，2003 年香山公园按照原貌在原址上进行复建。[26]（图 3.7）

图 3.7　今天复建的香雾窟东面的香圃牌坊

图 3.8　明代《三才图会》中的《玉泉山图》版画

25　于敏中主编《日下旧闻考》第五册，北京出版社，2018，第 1454 页。
26　见香山公园官网。

二、"玉泉趵突"与玉泉山静明园

明代《三才图会》地理卷中有一幅《玉泉山图》版画，在该幅版画中，画面右侧高耸的山峰上玉泉瀑布垂直而泻，水流量很大，一直穿过小桥向画面前方流淌，形成一个较为广阔的水面。一位拄杖的文人在童子的陪伴下，正欣赏着眼前的玉泉瀑布。（图 3.8）在明代，"玉泉垂虹"作为燕京八景之一已经深入人心，而且是一处公共的场所，好游的文人都可以前往游览。一左一右两处山峰之间的空隙处，是两座楼台建筑高耸在远方的云烟中。此版画的创作者应没有到过玉泉山实地，此图应是根据当时描述玉泉山的文字来想象的图画。或者说在明代文人画的风气下，即使像文徵明、董其昌这样，亲自到过北京西山，其笔下的西山图像也并不想强调客观的实景特征。此图比王绂画面中只表现了一小股的"玉泉垂虹"要更为夸张，版画中表现的水量之丰盛与激湍，仿佛可以让观者通过画面听到瀑布轰鸣的声音。此版画图和明代同时期的玉泉山图乃至明代其他表现西山的图像一起，都采取了抽象化、概念化、文人化的表达方式。

而到了乾隆时期张若澄的《玉泉趵突》，玉泉之景被描绘得极为客观。张若澄《西山晴雪》中所反映的该景与御碑和御园的结合同样体现在《玉泉趵突》中。其中"玉泉趵突"的形象和《西山晴雪》一开一样，一改明代对景象绘制文人化、概念化的特点，转变成非常强调该景周围地理特征与实景环境。

辽圣宗耶律隆绪（972—1031）已经开始在玉泉山上修建行宫，玉泉山的景致在金代即已出名，一是金章宗的芙蓉殿在此，二是作为当时"燕山八景"之一的"玉泉垂虹"景在此。元明时期山上寺庙众多，诸多文人墨客也慕名而来。到了清代，康熙时期再次将这里定为行宫并命名为澄心园，康熙三十一年（1692）改名为静明园。乾隆时期加大了静明园的面积，把玉泉山和周围的水域全部纳入园内。园内经乾隆皇帝命名的景点有十六处，即"静明园十六景"：廓然大公、芙蓉晴照、玉泉趵突、竹炉山房、圣因综绘、绣壁诗态、溪田课耕、清凉禅窟、采香云径、峡雪琴音、玉峰塔影、风篁清听、镜影涵虚、裂帛湖光、云外钟声、翠云嘉荫。这十六景于乾隆二十四年（1759）基本建成。

　　静明园大致可以分成东、南、西三个景区，其中以南面景区为最重要，是全园建筑的精华荟萃之地。张若澄的《玉泉趵突》选取的就是静明园南区的景致，方位为上北下南。远处面南的山坡作为主峰，和其西面的侧峰一道挡住西北风的侵袭，使得小气候得以冬暖夏凉。山的南面越发平坦，大面积开阔的水域为玉泉湖，是整个苑囿的核心。位于画面最前的是湖面上的三座小岛，这延续了皇家园林传统"一池三山"的造园手法。中央的大岛上有静明园十六景之一的"芙蓉晴照"。在此开册页中，广阔的玉泉湖水宁静安然，犹如镜面，湖水中唯一泛起涟漪的地方位于西岸的山根处，这正描绘了玉泉泉眼的所在位置，而这里汩汩向东流动的泉水正是"玉泉趵突"之景的所在地。画面还清楚地描绘了泉水旁边的石碑。《日下旧闻考》记录了石碑的状况：

> 泉上碑二，左刊天下第一泉五字，右刊御制玉泉山天下第一泉记，臣汪由敦敬书。石台上复立碣二，左刊玉泉趵突四字，右勒上谕一通。御题龙王庙额曰永泽皇畿。[27]

　　文中描述了"玉泉趵突"此景旁边立有四块石碑，这四块石碑在画面中基本被反映了出来。岸边紧邻泉水的石碑为刻有"天下第一泉"的御碑，而其旁边刻有"玉泉山天下第一泉记"的石碑被树干挡住了。高台上的建筑为龙王庙，在龙王庙前方还有两块石碑，如果背对建筑，则左侧的为"玉泉趵突"石碑，右侧的为刻有"上谕"内容的石碑。[28]

　　乾隆时期宫廷画家方琮也曾绘制有作为静明园十六景之一的"玉泉趵突"的景致。方琮绘制的《静明园图》屏现藏沈阳故宫博物院，该套图为纸本设色之作，为故宫博物院调拨沈阳故宫博物院的藏品。[29]该套图共有条屏八幅，每幅条屏裱有上下两幅画作，八条屏共有十六开画作，刚好描

27　于敏中主编《日下旧闻考》第五册，北京出版社，2018，第1413—1414页。
28　"上谕"内容：京师玉泉，灵源浚发，为德水之枢纽。畿甸众流环汇，皆从此潆注。朕历品名泉，实为天下第一。其泽流润广，惠济者博而远矣。泉上有龙神祠，已命所司鸠工崇饰，宜列之祀典。其品式一视黑龙潭，该部具仪以闻。引自于敏中主编《日下旧闻考》第五册，北京出版社，2018，第1414页。
29　李理：《沈阳故宫藏〈石渠宝笈〉著录绘画作品》，《沈阳故宫博物院院刊》2011年第00期。

图3.9　方琮　《静明园图》屏之"玉泉趵突"局部　纸本设色　全屏纵267厘米　横56.5厘米　沈阳故宫博物院

绘了静明园十六景。"玉泉趵突"绘制于第二幅条屏的上半部分，也即第三开。（图3.9）该图选取了玉泉湖西侧岸边的局部，如实地描绘了作为皇家苑囿的静明园中"玉泉趵突"所处的环境样貌。（图3.10）位于画面中间偏下位置的主体建筑下即汩汩流动的玉泉，方琮明确地描绘了四处石碑，与《日下旧闻考》中的描述当完全相对，方琮并没有像张若澄那样用一棵树不经意地遮掩住"玉泉山天下第一泉记"的御碑（图3.11），而是工整地全部呈现出来。在画面的左上角是乾隆帝御题的"玉泉趵突诗"，诗后题名"玉泉趵突"，下钤"会心不远"白文方印。诗内容如下：

> 济南将浙右，第一让皇都。镜水呈功德，屏山叠画图。润濂千载利，玉帛万方趋。日下传成说，于今始正诬。

此诗为乾隆十八年（1753）所做。乾隆皇帝在诗中强调了玉泉山之泉水比起济南趵突泉和杭州虎跑泉，当为天下第一泉。并且强调了玉泉如画的优美环境和其润泽万物的水利功能，并再一次强调了对该景名称的正名，或说"正诬"问题。乾隆皇帝认为由"玉泉垂虹"改名为"玉泉趵突"才是尊重眼前实景的样貌，要一改往日的"以讹传讹"的"传成说"。

以上由张若澄《燕山八景图》册中"西山晴雪"与"玉泉趵突"两开册页为出发点，进而展开比较了表现此二景更多的明清图像。明代无论王绂《北京八景图》卷还是《三才图会》中《玉泉山图》版画等，都鲜有实景特征，是较为文人化、概念化的诗意表达，缺乏辨识度。若非文字的点题指向，并不能从形象上获知该图表现的是何处。但到了乾隆时期，无论张若澄《燕山八景图》册，还是方琮《静明园图》屏，皆实景特征清晰。就"西山晴雪"与"玉泉趵突"来说，首先，其景观被表现得非常具体，被放置在了位于西山的两处皇家苑囿——静宜园和静明园当中，御园中的一些标志性建筑如静宜园中的"香雾窟"和静明园中的"芙蓉晴照"等皆作为地标性的皇家化建筑景观来指示着"西山晴雪"与"玉泉趵突"二景所处的具体实景位置和实景环境特征。由此也表现了乾隆朝静宜园、静明园中的新景观。其次，乾隆皇帝在乾隆十六年（1751）考证金代以来形成的燕山八景的具体地理位置和名称，并在其考证好的位置立有御碑，张

图 3.10　"玉泉趵突"今天实景样貌　图片来自网络

图 3.11　张若澄　《燕山八景图》册之《玉泉趵突》局部

若澄、方琮笔下都收入了对御碑的描绘。这两大特点都极大地强调了实景特征。

对"燕京八景"的描绘，从明到清，虽是同题材画作，但所描绘的主体形象、用笔方式和对其实景的呈现程度，实则大不同。总体来说，从明到清，实景特征逐渐清晰，可以说正经历了从虚到实的过程。由于张若澄、方琮皆为受命绘制，所以这些绘画背后充分体现了乾隆皇帝的要求和兴趣。而对实景绘画的兴趣背后，又和乾隆皇帝乃至整个时代对名目考据、地理考据的兴趣高度相关。充分体现了乾隆帝乃至乾隆时代热衷实地考据、表现实景的新气象。

《北京八景图》卷的绘制者王绂和卷后题诗的参与者都作为明成祖的翰林官员，透露着对皇帝即将迁都北京的政治支持。王绂笔下的"燕山八景"对于当时的帝王朱棣来说，还是一个即将迁都的远方和理想之地。张若澄绘制的《燕山八景图》册也充斥着政治意味，却表现得更为直接。张若澄笔下的"燕山八景"对乾隆帝来说早已坐拥。乾隆时期的"西山晴雪"和"玉泉趵突"不再是公共景观，而被纳入新建立的皇家苑囿当中。乾隆帝也通过对二景名称的更定和树碑的方式，参与到燕山八景文化的承传当中并影响至今。

第四章　　# 西山水德：实景与全景视野下的西山之水

北京西山一带向来水资源丰沛，古永定河曾流经这里，再加上西山一带石灰岩溶洞多，透水性强，容易形成山泉，所以这里的地上、地下水资源都很丰富。除了自然地理条件决定了北京地区的水资源，金元以来开始大规模人工改造水系、修建水利工程，使得西山丰富的水资源得以贯穿整个城市，得到充分利用。相应地，西山一带山清水秀，也使得这里滋养出丰富的人文景象。例如西山上从金代即开始修建的皇家园林作为日后乾隆朝园林的基础，都是利用了西山的水资源。自然之水与人工水利构成了西山之水的两个面向。

具体到乾隆时期的西山建设，继承了前朝的水系系统和园林基础，并有着进一步的发展。乾隆朝宫廷绘制的表现北京西山地区的山水都具有明确的实景特征，且这些西山图中，例如张若澄《静宜园二十八景图》卷和方琮《静明园图》屏中都有大量的水元素景观。在弘旿绘制的《都畿水利图》卷中，位于西山的三处大型皇家苑囿——香山静宜园、玉泉山静明园和万寿山清漪园——都在画面中被表现得非常清楚，且三者之间的地理位置关系也如实交代出来。山水秀丽的西山在前几朝基础上进一步皇家化，在西山暂离皇城的苑囿别宫，乾隆皇帝可以一边处理朝政，一边充分在这处身边最近的自然山水中享受林泉之乐。乾隆朝宫廷绘制的西山图像基本都是直接受命自乾隆皇帝，《都畿水利图》卷则是出于弘旿对乾隆皇帝诗文和时政的认识，也充分反映着乾隆皇帝的意志。弘旿《都畿水利图》卷非常尊重实景特征，重点描绘了京城及周边的水系水利状况，其中以长卷后半段出现的西山之水为源头和核心。西山之水之于乾隆皇帝，除了林泉之乐，在康熙、雍正朝基础上重新修整的西山供水体系，集合了漕运、灌溉、蓄洪等一系列重要水利功能。但乾隆朝京城乃至全国的水患问题实实在在存在着，并没有像乾隆朝绘画和乾隆帝诗文中描绘的那样美好。乾隆皇帝依然有着现实的焦虑。

第一节　水景与文人享乐

　　"西山晴雪"和"玉泉趵突"作为乾隆朝"燕山八景"中表现西山的二景，一处强调雪，一处强调泉，都与西山之水相关。从张若澄重新绘制的《燕山八景图》册中可以看出，和明代相比，这两处胜景被具体化，都被纳入乾隆皇帝位于西山的御园当中。其中"西山晴雪"所在的香山静宜园主要是依山建园，以山景为主，但香山亦有丰沛的泉水。在乾隆"静宜园二十八景"中也有专门的水景，以"玉乳泉"和"璎珞岩"为主。"玉泉趵突"所在的玉泉山静明园则是以水景为主的一处御园。在乾隆"静明园十六景"中，很多都是水景或者借水造景，其中有"玉泉趵突""竹炉山房""裂帛湖光"等景。从以上乾隆皇帝打造的西山御园中的水景即可看出他对泉水的喜爱，而"竹炉山房"这种配合泉水的茶室建造，更是在彰显乾隆皇帝于山水间听泉品茶的文人之乐。

　　在张若澄绘制的《静宜园二十八景图》卷中可以清晰地看到有小字提示的璎珞岩和玉乳泉的形象。（图4.1、图4.2）画面中的璎珞岩处在山林之间，泉水不大，缓缓流下，其中的亭子为乾隆帝命名的"清音"亭。乾隆帝在乾隆十一年（1746）曾对璎珞岩有所表述：

> 横云馆之东，有泉侧出岩穴中。叠石如屐，泉漫流其间，倾者如注，散者如滴，如连珠，如缀疏，泛洒如雨，飞溅如霰。萦委翠壁，漻漻众响，如奏水乐。颜其亭曰：清音，岩曰：璎珞。亭之胜以耳受，岩之胜与目谋。澡濯神明，斯为最矣。[1]

1　爱新觉罗·弘历：《静宜园二十八景诗》，载《乾隆御制诗文全集》（一），中国人民大学出版社，2013，第801页。

图 4.1 张若澄 《静宜园二十八景图》卷 "璎珞岩" 部分 纸本设色 全卷纵 29 厘米 横 428.5 厘米 故宫博物院

文中强调了璎珞岩要靠眼睛欣赏，而在清音亭中要用耳朵来享受泉水的声音，如此视听结合就可以"澡濯神明"，真可谓是在此处最好的享乐方式了。

长卷中玉乳泉的形象同样也是被放置于山林之中，泉水虽不大，但和旁边的溪水相接，汩汩而流，可见地下水的丰沛。沈阳故宫博物院藏《静宜园图》册中也有一开是专门表现玉乳泉的，由于单独成幅，构图方式更为自由，更好地用纵向的方式交代了玉乳泉向下蜿蜒的走向，由此也可以更好地看出玉乳泉向下形成的略凹的溪涧。（图 4.3）画面上方乾隆皇帝御题：

乍可微风拂，偏宜皎月涵。
西湖不千里，当境即三潭。
演漾冈峦影，卷舒晴雨岚。
灵源何处是，一脉试寻探。

图 4.2　张若澄　《静宜园二十八景图》卷 "玉乳泉" 部分

图 4.3　《静宜园图》册之《玉乳泉》　纸本设色　沈阳故宫博物院

乾隆时在玉乳泉的亭前人工修砌了三个小水池，将山中泉水引入以蓄水，成为玉乳泉景观内部嵌入的又一处小的景观。御制诗中"西湖不千里，当境即三潭"就是在说这三个小水池。西湖有三潭，北京西山的玉乳泉也有三潭，且近在咫尺。此诗写于乾隆十一年（1746），此时的乾隆皇帝还没有亲自抵达过西湖。西湖的三潭印月并非三个水池，但"三潭"的名称可以借来在诗中一用。在这首诗的序中，乾隆皇帝解释了三个小水潭的特点："凿三沼蓄之，盈科而进，各满其量，不溢不竭。"[2] 这种水池中泉水的平衡状态亦可谓一景。

相比较于香山静宜园以山景为主，玉泉山静明园则以水景为主，其园林中水面广阔，充分利用了丰沛的水资源。《燕都游览志》中描述玉泉山"沙痕石隙随地皆泉"[3]。玉泉山的泉水遍布，最大的泉眼在山南玉泉湖的西岸，也即"玉泉趵突"之景所在的位置。另一处泉水在山的东南，名曰裂帛泉，明人曾描写裂帛泉"泉迸湖底，状如裂帛，涣然合于湖。湖方数丈，水澄以鲜，漾沙金色"[4]。此外，山中还有不少泉眼和湖水。环绕在玉泉山四周水道相连的湖水大约有五处，分别是含漪湖、玉泉湖、裂帛湖、镜影湖和宝珠湖，共同构成静明园的核心水景。乾隆帝吟咏玉泉山各处水景的诗文非常之多，在此不一一引述。

北京西山能有这样丰沛的水资源，对于拥有文人之心，喜好品泉饮茶的乾隆皇帝来说，实在是一大享乐。《静明园十六景》之《玉泉趵突》御制诗中有句："济南（趵突）将浙右（虎跑），第一让皇都（递品名泉定玉泉为天下第一详见记中）。"[5] 乾隆皇帝拿玉泉山的泉水和济南趵突泉与浙江虎跑泉相对比，并认为位于皇都的玉泉是天下第一泉。关于对天下第一泉的定名和讨论，前文已提及，乾隆帝专门写有《玉泉山天下第一泉记》并刻于石碑上，立在玉泉山静明园的"玉泉趵突"之景旁边。全文内容如下：

　　　　水之德在养人，其味贵甘，其质贵轻。然三者正相资，质轻

2　爱新觉罗·弘历：《静宜园二十八景诗》，载《乾隆御制诗文全集》（一），中国人民大学出版社，2013，第804页。
3　于敏中主编《日下旧闻考》第五册，北京出版社，2018，第1428页。
4　于敏中主编《日下旧闻考》第五册，北京出版社，2018，第1429页。
5　爱新觉罗·弘历：《乾隆御制诗文全集》（三），中国人民大学出版社，2013，第140页。

者味必甘，饮之而蠲疴益寿。故辨水者恒于其质之轻重分泉之高下焉。尝制银斗较之，京师玉泉之水斗重一两，塞上伊逊之水亦斗重一两，济南珍珠泉斗重一两二厘，扬子金山泉斗重一两三厘，则较玉泉重二厘或三厘矣。至惠山、虎跑则各重玉泉四厘，平山重六厘，清凉山、白沙、虎邱及西山之碧云寺各重玉泉一分。是皆巡跸所至，命内侍精量而得者。然则更无轻于玉泉之水者乎？曰有。为何泉？曰非泉，乃雪水也。常收积素而烹之，较玉泉斗轻三厘。雪水不可恒得，则凡出山下而有洌者，诚无过京师之玉泉。昔陆羽、刘伯刍之论，或以庐山谷帘为第一，或以扬子为第一，惠山为第二，虽南人亨帚之论也，然以轻重较之，惠山固应让扬子。具见古人非臆说，而惜其不但未至塞上伊逊，并且未至燕京。若至此，则定以玉泉为天下第一矣。近岁疏西海为昆明湖，万寿山一带率有名泉，溯源会极，则玉泉实灵脉之发皇，德水之枢纽。且质轻而味甘，庐山虽未到，信有过于扬子之金山者。故定名为天下第一泉，命将作崇焕神祠以资惠济，而为记以勒石。夫玉泉固趵突山根荡漾而成一湖者，诗人乃比之飞瀑之垂虹，即予向日题燕山八景，亦何尝不随声云云？足见公道在世间，诬辞亦在世间。籍甚既成，雌黄难易。泉之于人，有德而无怨，犹不能免讹议焉，则挟德怨以应天下者，可以知惧，抑亦可以不必惧矣。[6]

　　通篇核心讲的是给玉泉山中的玉泉水定名为"天下第一泉"的过程和理由。乾隆皇帝开篇即强调"水德"。而抽象的水德概念在乾隆帝笔下迅速可以通过水之甘甜、轻重这样具体可知可感的属性来量化比较。在整体时代讲究实证的风气下，乾隆皇帝指授用银斗对其所亲抵的几大名泉进行测量，和玉泉相比较的各大名泉有：济南珍珠泉、扬子金山泉、惠山、虎跑、平山、清凉山、白沙、虎丘及西山之碧云寺的泉水。在乾隆皇帝的逻辑中，水德和水的甘甜程度、轻重程度有关：越轻的泉水就越甘甜，饮之则延年益寿，故而也就具有越高的水德。如此，测量水的重量就可以分辨泉水的

6　于敏中主编《日下旧闻考》第一册，北京出版社，2018，第122—123页。

好坏。当然水的轻重与水的品质关系并非乾隆皇帝第一个提出的，但他在前人理论的基础上，融合时代之风，将实证测量、比较重量的方法发挥到极致。乾隆皇帝认为陆羽（733—804）、刘伯刍当年对泉水的排名判断限于眼界，并认为他们当年如果去过塞上伊逊和北京的话，也会把北京西山之玉泉定为天下第一的。乾隆皇帝曾两次写有"西山晴雪"诗。早年在《燕山八景诗》中有"竹炉茗碗伴高清"[7]之句，1751 年在《燕山八景诗叠旧作韵》中有"新傍香山构精舍，好收积玉煮三清"[8]之句。这两句都提到了位于香山的竹炉精舍和在此饮茶的情景，第二首诗则更具体，是用雪水来煮三清茶[9]。在文中，乾隆皇帝提到比天下第一泉更轻的水还有雪水。所以乾隆皇帝在冬日也经常用雪水烹茶。在其咏雪的诗文绘画当中，也常把雪和茶联系在一起。例如在《乾隆古装雪景行乐图》的画面上有于敏中奉敕书写的御制《御园雪景》诗："祥花优渥麦根萌，余事园林一赏情。画帧画神不数范，翦刀剪水那须并。生来草木为银界，望里楼台是玉京。别有书斋胜常处，收将仙液煮三清。"（图 4.4）其中最后一句再次描绘了收雪水煮三清茶的情景。乾隆皇帝不止一次"调侃"过陆羽这位茶圣，他曾在《烹雪用前韵》中写道"品泉陆羽应惭拙"[10]。这是因为陆羽品水，列"雪水第二十"[11]。在陆羽的理论中，用雪水品茶位于最末，而在乾隆皇帝的观念中则认为雪水煮茶好，因为其比"天下第一"的西山玉泉之水还要轻。

　　玉泉山的玉泉水自金章宗时就已知名。元明诸多文人也喜好品鉴玉泉水。康熙、雍正两代清朝帝王也都非常重视这里的泉水。乾隆皇帝对玉泉的题诗非常之多，有将近 80 首。[12] 对茶舍、茶炉的仿建等大规模建设也史无前例。

　　乾隆皇帝在南巡亲抵江南之前就在西山建设有喝茶的地方，例如乾隆

7　于敏中主编《日下旧闻考》第一册，北京出版社，2018，第 117 页。

8　于敏中主编《日下旧闻考》第一册，北京出版社，2018，第 118—119 页

9　关于三清茶，《三清茶》诗后有注曰："以雪水沃梅花、松实、佛手啜之，名曰三清。"载《乾隆御制诗文全集》（一），中国人民大学出版社，2013，第 877 页。

10　爱新觉罗·弘历：《烹雪用前韵》，载《乾隆御制诗文全集》（一），中国人民大学出版社，2013，第 214 页。

11　张又新：《煎茶水记》，载叶羽编著《茶书集成》，黑龙江人民出版社，2001，第 3 页。

12　王河、康芬：《天下第一泉北京玉泉宜茶古文献叙录》，《农业考古》2010 年第 5 期。

图 4.4 　《乾隆古装雪景行乐图》　绢本设色　纵 468 厘米　横 378 厘米　故宫博物院

十年（1745）建造的作为香山静宜园二十八景之一的"玉乳泉"就是。乾隆十六年（1751）第一次南巡时乾隆帝曾亲抵无锡惠山的竹炉山房，回京后念念不忘，于是在香山静宜园构建了竹炉精舍，而在玉泉山静明园建造了同名的"竹炉山房"。"竹炉山房"作为静明园十六景之一，其位置就在静明园中"玉泉趵突"之景的南面一点，两者的方位关系在张若澄《燕山八景图·玉泉趵突》中被描绘得非常清楚。方琮在《静明园图》屏中，专门有一幅表现了"竹炉山房"之景。这套绘画共用八幅条屏表现了静明园十六景。其中每两处景致被上下表现在一个竖屏中，上开均为圆光式，下开均为竖开式，每开上都有乾隆御题诗和本开题名。第二屏中，上为"玉泉趵突"，下为"竹炉山房"。（图4.5）"竹炉山房"画面上方题写有写于乾隆十八年（1753）的"竹炉山房"御制诗一首：

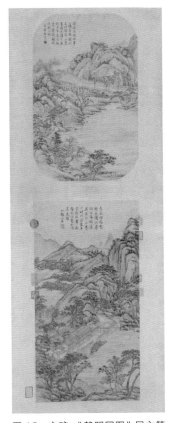

图4.5 方琮 《静明园图》屏之第二屏，上为"玉泉趵突"，下为"竹炉山房"
纸本设色
纵 267 厘米 横 56.5 厘米
沈阳故宫博物院

> 惠泉仿雅制，特为构山房。
> 调水无烦远，名泉即在旁。
> 一时仍漫画，五字旋成章。
> 瓶蟹何须忘，松鸣真是凉。

诗中表述了玉泉山中竹炉山房的建造是仿制惠山的。在北京西山静明园中，不用再担心品茶的地方和泉水离得太远，在此，水源地"玉泉趵突"和品茶的屋舍"竹炉山房"就紧紧相邻。在方琮的这幅条屏中，二者一上一下，同样被表现得紧紧相邻。方琮选取的视野非常广阔，从茶舍的东南方向望过去，山房和周围几间小室全部被以鸟瞰的视角纳入画面，建筑采取了界画的手法，显得规整而具有严肃的皇家气。在一个全景式的构图中，作为主体的山房所占的比例其实非常小，远山和天空占据了更大的面积，而山上成排的松树呼应着乾隆帝的诗句"松鸣真是凉"。

乾隆皇帝在乾隆十八年（1753）绘制过一幅《竹炉山房图》轴（图 4.6），且使用了他非常珍爱的金粟笺。画面上御笔题写有《玉泉山竹炉山房记》和分别写于乾隆十八年（1753）、乾隆二十一年（1756）的两首在山房品茗的诗。乾隆帝描绘的竹炉山房同样也是立轴式的竖构图，但选取了山房的正面平视视角。乾隆皇帝笔下的山房更加质朴和具有文人气息。草堂般的茶舍坐落在竹木结构的架子上，和水面相接。窗棂和门扇也都由竹木编架而成。茶舍内部的陈设也可以窥见一二，正中摆放有一榻，进门左侧的案几上摆放着竹炉（图 4.7），正点题此建筑的功能。

乾隆帝对其所写的《玉泉山竹炉山房记》应是非常得意，该内容被制作成不同的艺术形式，现故宫博物院还藏有乾隆帝御笔《玉泉山竹炉山房记》册（图 4.8）、碧玉材质的《玉泉山竹炉山房记》册（图 4.9）等。该记主要强调了水的重要性："茗饮之本其必资于水"，并指出虽然玉泉山的竹炉山房是仿建惠山而成，但泉水不可仿，也不必仿，而且玉泉水"非惠泉之所能仿"，展现了玉泉之水是天下最胜。徐扬也画有《竹炉山房图》，采用了能随身携带的成扇形制。扇面右上方用金笔抄录了御制《玉泉山竹炉山房记》。画面的主体内容即根据该记的内容所画，树木与山石间的亭式建筑代表了竹炉山房，其间主体人物文士打扮，正于榻上品茗，还有童子在旁煮泉烹茶。而最重要的泉水被表现在精舍右侧不远处，水量丰沛，汩汩流淌，代表着"天下第一泉"的形象。（图 4.10）

清宫绘画中有多幅乾隆皇帝穿汉装出现在山水间享受文人之乐的行乐图性质画作，其中都有清晰的御容。在董邦达《弘历松荫消夏图》轴（图4.11）、张宗苍（1686—1756）《弘历抚琴图》轴（图 4.12）、张宗苍等《弘历松荫挥笔图》横轴（图 4.13）中，乾隆帝形象身处山水间休闲享乐的画面，正构建了一个标准的汉族文人形象与文人山水画模式，这样的模式也正和乾隆皇帝在西山山水间的林泉享乐情景如出一辙。

董邦达《弘历松荫消夏图》轴中，身着汉装的乾隆帝形象位于画面正中间开阔的土坡上，旁边置一石几，上面陈设着的书籍、香炉、古琴和茶杯，都彰显着作为一位文士的标准品味。这一茶杯正和坡岸下烹茶的童子遥相

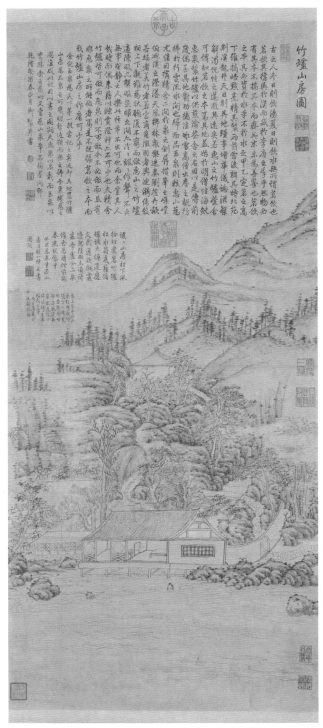

图 4.6 乾隆皇帝 《竹炉山房图》轴 纸本水墨 纵 116.8 厘米 横 56.2 厘米 故宫博物院

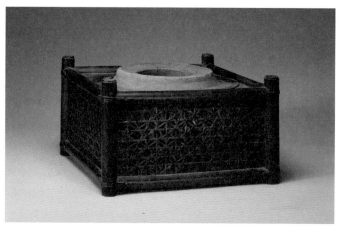

图 4.7 乾隆御题竹方炉 故宫博物院

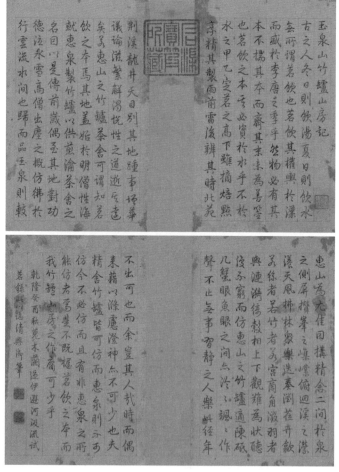

图 4.8 乾隆皇帝行书《玉泉山竹炉山房记》册 纸本 故宫博物院

图 4.9 碧玉御制《御笔玉泉山竹炉山房记》册之封面
长 12.5 厘米 宽 8.6 厘米 厚 1.9 厘米 故宫博物院

图 4.10 徐扬《竹炉山房图》成扇 纸本设色 故宫博物院

图 4.11　董邦达《弘历松荫消夏图》轴
纸本水墨　纵 193.5 厘米　横 158 厘米
故宫博物院

图 4.12　张宗苍《弘历抚琴图》轴
纸本设色　纵 194 厘米　横 159 厘米
故宫博物院

图 4.13　张宗苍等绘《弘历松荫挥笔图》横轴
纸本设色　纵 96.2 厘米　横 156 厘米　故宫博物院

呼应。而这烹茶的水，正应当来自画面中童子左侧的瀑布泉水。这样的意
境正如同在玉泉山用玉泉水烹茶的乐趣。画面整体山石嶙峋，有着北方山
水壮阔的气势。乾隆皇帝所处的坡岸两侧皆为潺潺流动的溪水，一座石桥
跨过水面连接到画面左下角的坡岸上。在松林的掩映下，两处界画建筑形

象立在岸边，最右侧的水榭下布满小石子，仿佛让人听到了泉水在石子缝隙间汩汩的声音与风过松竹留下的声音。立轴上方的空白处有一首乾隆皇帝题写的御制诗：

世界空华底认真，分明两句辨疏亲。
寰中第一尊崇者，却是忧劳第一人。

　　诗后注释曰："梦中自题小像一绝，甲子夏五所记也，乙丑季夏清晖阁再书。""甲子"是乾隆九年（1744），"乙丑"是乾隆十年（1745）。乾隆皇帝在诗中认为自己是天下最受人尊崇的人，却也是天下最忧劳的人。这样心操天下的帝王与画面中悠闲的文人形象构成一种张力。

　　诗的最后提到题写此诗的地点为清晖阁，清晖阁位于圆明园的九州清晏之西，对于常驻圆明园的乾隆皇帝来说，作为圆明园中寝宫区的九州清晏一带非常重要，甚至"九州清晏与养心殿无异"[13]。这里也是乾隆皇帝南巡以前建造茶舍的地方，[14]绘制此图时乾隆皇帝还没有亲抵过江南。在这样一处园林茶舍中，题写这样一幅泉林中品茶的画作，是一种景中景的乐趣。清晖阁是否曾悬挂过此图轴不得而知，但根据画轴包首黄签题"澄观斋殿内东阁东墙面西挂"字样可知，此轴曾悬挂于避暑山庄的澄观斋殿。

　　乾隆十八年（1753）张宗苍绘制的《弘历抚琴图》轴，不论笔法和细节，就图式来说，和之前董邦达绘制的《弘历松荫消夏图》轴几乎一样，同样表现了在烹茶童子与九棵松树的陪伴下，乾隆皇帝身着汉装，身处林泉当中。画幅右上乾隆皇帝御题五言诗：

松石流泉间，阴森夏亦寒。
构思坐盘陀，飘然衫带宽。
能者尽其技，劳者趁此闲。
谓宜入图画，匪慕竹皮冠。

13　爱新觉罗·弘历：《仲夏清晖阁》，载《乾隆御制诗文全集》（七），中国人民大学出版社，2013，第240页。
14　廖宝秀：《吃茶得句 乾隆竹炉山房茶舍与茶器陈设》，《紫禁城》2020年第10期。

此诗也题写在了张宗苍等人同一年绘制的《弘历松荫挥笔图》横轴上。此段诗文的内容以"劳者趁此闲"为关键，和《弘历松荫消夏图》轴上题诗的内容虽不同，但同样是乾隆皇帝在强调自己的忧劳，山水林泉之乐只是忙里偷闲。画面中这样的林泉场景与乾隆帝常处的西山山水环境高度一致。

乾隆皇帝作为一代清朝帝王，其山水之乐终是不同于明代江南文人较为纯粹的林泉之乐和品茶之乐的。他对西山之水享乐的背后，还有更深层的关注。《玉泉山天下第一泉记》中虽是强调对各地名泉的测量来比较水的品级好坏，但文中多次提到的"水德"或"德水"，这才是西山之水之于乾隆皇帝更为重要的。文中开篇提到"水之德在养人"，结尾提到"泉之于人，有德而无怨"，这都是将水赋予人的品德，水的品德在于默默地贡献和滋养，是一种君子般有德而无怨的高尚品德。文中最重要的是将水德和西山的玉泉连接起来："玉泉实灵脉之发皇，德水之枢纽。"乾隆皇帝将玉泉之水看作灵脉，也看作天下具有高尚品德的水的核心枢纽。

《玉泉山天下第一泉记》中记述的乾隆皇帝旨意对各地名泉进行比较测量，看似是文人品茶趣味的极致化以及对陆羽等历史上品茶高手的回应，但这对玉泉"天下第一"的定名更是出于政治目的。官方编修的《钦定大清会典则例》等中也使用乾隆皇帝的"德水"之语："京师玉泉，灵源浚发，为德水之枢纽。畿甸众流环汇，皆从此瀁注。"[15]京师的玉泉周围水流充沛，可谓"灵源"，官方文献也按照乾隆皇帝的用语提出玉泉是"德水之枢纽"。玉泉之所以是"天下第一"，比之其他各地的泉水，味道是否更甘冽，重量是否最轻，并不重要。乾隆皇帝定名"天下第一泉"更是因为玉泉位于京城，且作为帝京水系的源头水域。"水之德在养人"，这玉泉之水作为皇室日常的必备饮用水，首先滋养着乾隆皇帝本人，进而也滋养着核心皇城，所以玉泉"理应"具有最高的品质，也应具有最高的"水德"。

关于"水德"一词，早在《史记》中已经频繁使用，如《史记》中认为秦朝的朝运当为水德，根据五行五色的对应，秦朝服饰等色彩所以尚黑。

---

15 于敏中主编《日下旧闻考》第五册，北京出版社，2018，第 1414 页。

古时向来将五行与五德相配，历代王朝各代表一德，各朝代五行相生相克，更替复始。但乾隆皇帝笔下的"水德"并非这个五行说的概念。而且乾隆皇帝认为这种朝代与五行五德相配的说法是一种谶纬之说与无稽之谈。乾隆皇帝在《题大金德运图说》中认为：

> 五德之运说本无稽，纵如所言，亦取其或生或克，议者以宋为火德，辽为水德，大金当为金德……自汉儒始言五德迭王，遂推三皇五帝各有所尚，后更流为谶纬，抑又惑之甚矣。夫一代之兴皆由积德累仁，岂在五行之生克？而服御所尚自当以黄为正，余非所宜……[16]

乾隆皇帝特意撰文批驳了这个汉代以来流行的"陋说"，并认为一个朝代之兴盛是由于仁德的积累，并不在五行的更替。对颜色的崇尚也当和五德无关。那么乾隆皇帝多次在诗文中使用的"水德"一词，当是强调泉水、雨水等自然之水本身的性质，以及将水与天道和人的德性相比。例如乾隆皇帝曾写有一首《赋得水波》的诗：

> 懿彼坎成象，原从天一生。
> 静方契水德，动亦见波情。
> 共本岂殊得，求原委并呈。
> 漪漪浮面细，寂寂澈心清。
> 奚必撼乔岳，突然跃骇鲸。
> 无为合元理，有作总虚名。
> 应识观澜术，最欣息籁平。
> 载能并能覆，可不慎其倾。[17]

此诗首句即来自"天一生水"，将水与天道相连，进而提出水德。

16　爱新觉罗·弘历：《乾隆御制诗文全集》（六），中国人民大学出版社，2013，第456页。
17　爱新觉罗·弘历：《乾隆御制诗文全集》（九），中国人民大学出版社，2013，第870页。

这"漪漪""寂寂"的水，柔弱而宁静，可以清澈人心，同时也可以撼动泰山，惊骇鲸鱼。最后一句又讲到帝王、政治与水的关系。百姓即如水，帝王即如舟。水能载舟亦能覆舟。此诗中乾隆皇帝容纳了道家思想与儒术学说中对水概念的使用。同时，《玉泉山天下第一泉记》中"泉之于人，有德而无怨"亦是一种《老子》中"上善若水"，包容万物的德。

　　总体来说，玉泉水之所以被乾隆皇帝评定为"天下第一泉"，比之其是否具有甘甜的品茶口感，其地理位置的核心性以及泉水背后的内涵，才是决定玉泉可以超越天下诸多名泉而成为"第一泉"的根本原因。玉泉所具有的最高"水德"，才使它获得了"天下第一泉"的名声。而通过银斗测量玉泉并比较各地泉水的重量这种"实证"方式，也许只是乾隆皇帝为了和以往文人品茶理论相结合并将"水德"具体化的一个政治手段。

第二节　《都畿水利图》卷及其水利功能

　　弘旿《都畿水利图》卷充分表现了以玉泉水为核心的京畿水系状况，也充分彰显了乾隆皇帝心中的"水德"。（图 4.14）弘旿字卓亭，号恕斋，自署瑶华道人、醉迂、一如居士等。是康熙帝二十四子允祕（1716—1773）的次子，与乾隆皇帝同辈。尽管弘旿的年龄和乾隆皇帝弘历的儿辈们相当，但弘旿的书画和诗文创作在当时宗室的文艺创作中非常突出，其在书画家艺术圈中的地位和影响也十分值得关注。弘旿绘制的《都畿水利图》以长卷的形式，把北京及其周边的水源与水流走向等情况尽可能精准地呈现出来，并交代了由这条水系串联起来的京畿山水关系以及水系和城市的关系。由于弘旿师从于董邦达，其"正统派"画风在作品中也有所反映。在《都畿水利图》卷中的山水描绘中，可见其致力于对"娄东派"乃至元人黄公望等人的追求，构图层次丰富，笔墨沉稳，设色清淡，文人笔墨趣味浓厚，整体格调高雅沉静。此图经《石渠宝笈续编》著录，时为重华宫藏，乾隆鉴藏八玺全。清末此卷从清宫流出，1956 年入藏中国历史博物馆（现

图 4.14　弘旿《都畿水利图》卷　后半段　纸本设色　全卷纵 32.9 厘米　横 1018.3 厘米　中国国家博物馆

中国国家博物馆）。[18] 此图没有年款，据吕长生研究，此图绘制于弘旿晚年，约乾隆朝晚期。此卷和弘旿绘制的一些文人小品画如《松竹梅图》册以及诸多仿古绘画等比起来，可谓用心巨制，是紧密结合了地理考据学风和乾隆朝水利时政的实景绘画，充分体现着弘旿的皇族身份以及与乾隆皇帝的政治呼应。

　　此卷开卷首先绘制的是京城水系的最后段，也即潞河流经天津以后入海的部分。随着长卷从右向左慢慢展开，观者的视角几乎一路向西逆流而上，从入海口经过天津、通州，再进入北京城，进而出西直门，走长河，路过五塔寺等关键性地标，慢慢渐入"佳境"，进入画面的核心，也即水源丰富的西山一带。长河也即玉河，在清代为皇家由皇城通往西郊的御用水道。画面中的长河和具有广阔昆明湖的清漪园相接，再往西，通过一片稻田则进入拥有"天下第一泉"的玉泉山静明园，园内水面同样极为开阔。再往西又是通过一片稻田，进入全卷的末尾，基本以香山结束。十米全卷表现了乾隆时期北京地区的水系分布和水利状况，尤其以玉泉水为主。玉

18　吕长生：《读弘旿〈都畿水利图卷〉》，《中国历史博物馆馆刊》1982 年第 00 期。

泉水是位于西山最丰富、最核心的水域地区，玉泉水平地涌泉，其上接香山一带源头，向下汇聚于昆明湖，终经长河萦绕京城，汇入运河，直通通惠河、潞河的漕运体系，水系贯通，最终入海。

如此长卷绘制的基本动机，在弘旿自题中写得非常清楚：

> 臣谨按京畿水利所以涵濡圣泽，环卫皇居，济漕运而惠农田，至切且要也。顾其源流脉络，罕得而详，即《日下旧闻》《春明梦余录》诸书所记亦多伪舛，臣忝侍禁近时，得恭读御制诗文，因知玉泉之水，汇于昆明湖，导为长河，入皇城经太液，萦贯紫禁，趋东南隅而出，由城渠入通惠河，以达于潞；又知万泉庄之水，皆北流，会清河，入白河，以会于潞；且知南苑一亩泉，穿苑墙而去，汇凉水河，由马驹桥而东，至张家湾入于北运河；而团河为凤河之源，经流入大清河，由直沽归海。其间原委分合，了如指掌，乃得释旧疑而增新识，荣幸莫甚焉。臣不揣庸陋，谨就所知，绘为一图，非敢拟嘉陵画水之能，聊以志涓流学海之诚云尔。臣弘旿敬绘并恭识。

弘旿绘制此图和乾隆朝一般的宫廷画家或词臣画家不同，他身为清宗室，同时也是作为大清臣子的身份。弘旿在自题中首先简明扼要地提出了京畿水利最重要的四项功能：涵濡圣泽、环卫皇居、济漕运、惠农田。皆与帝王和民生有关。"涵濡圣泽"作为首先出现的四个字，其中有三个字的偏旁都与水有关。圣泽即圣上的恩泽。泽即水聚集的地方，涵濡即有滋润、沉浸之意。形容了皇恩之于家国和臣子百姓，正仿佛丰沛的水系亲润着帝京和天下草木万物。京城水系不仅滋润着这个城市，还环绕守卫着皇城，丰沛的水系还解决了京城运河水源流量的问题，保证了基本的漕运功能，同时还可以灌溉周围农田，成就了京西稻。其后，弘旿指出，京畿水利如此重要，但其源流脉络却难说清楚。在弘旿笔下，以往《日下旧闻》《春明梦余录》这样专门记述北京建置等的书籍中也有讹误的地方，但乾隆皇帝却能将北京水系的来龙去脉考据分析得一清二楚。弘旿感慨这解决了自己旧有的疑惑并增加了新的认识。而此图正反映了乾隆皇帝对于京城水系的脉络认识。那么弘旿获得的新认识是什么？绘画中又如何体现了乾隆朝京城水利中新的创举？

　　作为表现帝京水利状况的长卷，其中玉泉山的形象位于靠近结尾的部分。画面中的玉泉山上，主峰最高处为玉峰塔，"玉峰塔影"作为玉泉山静明园十六景之一，乾隆朝画家方琮也曾在《静明园图》屏中描绘过。方琮为了凸显玉峰塔之高，在塔身周围绘制了烟云缭绕的效果。方琮在画面左上角还题写有乾隆帝写于1753年的《玉峰塔影》："窣堵最高处，岧岧霄汉间。天风摩鹳鹤，浩劫镇瀛寰。结揽八窗达，登临一晌间。俯凭云海幻，揭尔忆金山。"[19] 乾隆帝在这首诗的前面解释了玉峰塔为"浮图九层，仿金山妙高峰为之"[20]。弘旿笔下这仿建自镇江金山妙高峰的玉峰塔右侧的石塔形象为妙高塔，而玉峰塔左侧的高塔则为琉璃塔。弘旿画面中的玉泉山坐落在玉泉水中，就仿佛金山坐落在长江之中。在玉泉山以西，以及卷尾的香山以东，弘旿表现了重要的水资源是如何相连的。这一段对玉泉山水源的表现，可谓是对乾隆皇帝西山水利工程建设新创举的一个重要表现。

　　乾隆帝的《御制诗文集》中有大量描写玉泉等西山之水的内容，也有诸多讨论京城水系源流的内容，这些都是弘旿《都畿水利图》卷创作的来源。在《麦庄桥记》中，乾隆皇帝概括了北京水势的基本状况："京师之玉泉汇而为西湖，引而为通惠，由是达直沽而放渤海。"[21] 进而讨论了京师水系的源头：

　　　　人但知其源出玉泉山，如志所云巨穴喷沸随地皆泉而已。而不知其会西山诸泉之伏流，蓄极溢涌，至是始见，故其源不竭而流愈长。元史所载通惠河引白浮、瓮山诸泉者，今不可考。以今运河论之，东雊、西勾如俗所称万泉庄其地者，其水皆不可资。所资者惟玉泉一流耳。盖西山、碧云、香山诸寺皆有名泉，其源甚壮，以数十计。然惟曲注于招提精蓝之内，一出山则伏流而不

19　于敏中主编《日下旧闻考》第五册，北京出版社，2018，第1422页。
20　同上。
21　于敏中主编《日下旧闻考》第五册，北京出版社，2018，第1638页。

见矣。玉泉地就夷旷，乃腾迸而出，潴为一湖。[22]

　　乾隆皇帝认为人们只知道玉泉山的泉水是源头，但其实玉泉还有更为靠西的源头：西山中碧云寺、香山寺等地都有泉水，这些泉水出了山就伏流不见了，但作为玉泉的源头，在地下和玉泉相连，流到玉泉山就又喷薄而出了。在弘旿《都畿水利图》卷中，对玉泉山以西水源的表现正可谓是对乾隆帝考据西山之水源头问题的呼应。《日下旧闻考》中曾描述过人工引导西山之水源头的两条线索：

其自西北来者尚有二源：一出于十方普觉寺旁之水源头；一出于碧云寺内石泉；皆凿石为槽以通水道。地势高则置槽于平地，覆以石瓦；地势下则于垣上置槽。兹二流逶迤曲赴至四王府广润庙内，汇入石池，复由池内引而东行。于土峰上置槽，经普通、香露、妙喜诸寺夹垣之上，然后入静明园……[23]

　　弘旿正表现了这一乾隆朝铺设引水石槽扩充水源的创举。画面中表现了两条引水线索。第一条线索为北侧的引水石槽，发自北侧山中的一个寺庙，该寺庙形象当为卧佛寺，也即《日下旧闻考》中说的十方普觉寺。卧佛寺的泉水来自山中的"退谷"，也即位于今天北京植物园中的樱桃沟。关于卧佛寺退谷的水源问题早在《春明梦余录》中就有记载，其水源头"两山相夹，小径如线，乱水淙淙，深入数里"。[24] 第二条线索引自香山偏北侧的碧云寺。《日下旧闻考》提到碧云寺的水源，乾隆皇帝在写静明园"练影堂"的诗句中也写道："遥源引碧云"[25]。虽然画面中并没有交代清楚碧云寺的形象，但正像乾隆皇帝在诗文中形容"西山诸泉之伏流"的状态，水源处的水处于潜伏状态，并不十分显现。弘旿笔下蜿蜒而出的石槽形象，和《日下旧闻考》中提到的"凿石为槽以通水道"完全一致。今天这些引

22　同注21。
23　于敏中主编《日下旧闻考》第六册，北京出版社，2018，第1672页。
24　孙承泽：《春明梦余录》，北京古籍出版社，1992，第1314页。
25　爱新觉罗·弘历：《乾隆御制诗文全集》（六），中国人民大学出版社，2013，第681页。

水石槽有一些依旧保留着当年的面貌。（图 4.15）这些石槽会根据地势的高低，有些置于平地，上覆石瓦；有些则置于墙顶。这两条引水线索在四王府的广润庙内汇集入一个石池，并继续引流向东，经过普通寺、香露寺、妙喜寺等的"夹垣之上"，汇入静明园。弘旿笔下玉泉山静明园和香山静宜园之间的一排东西向建筑群，正应是广润庙、普通寺、香露寺、妙喜寺等建筑群。（图 4.16）这些建筑内部的石槽建设，沟通着玉泉水更西的水源，一路向东，汇入静明园，进而汇入昆明湖，再汇入更东的整个京城水利系统。

　　关于乾隆朝京城水利中尤其西山一带新的创举，除了两条引水石槽，还有对昆明湖以及昆明湖上一系列水闸的修建。画面中玉泉山东面跨过稻田就是万寿山清漪园，其中开阔的水面即是昆明湖。为了准备庆祝乾隆十六年（1751）皇太后的六十寿辰，在乾隆十五年（1750）开始在瓮山上建造大报恩延寿寺，并将瓮山更名为万寿山。同时疏导玉泉诸多水系，汇聚于西湖，更名为昆明湖。[26] 昆明湖的形象在表现为皇太后六旬祝寿的《万寿图》卷中也出现过。（图 4.17）在四卷本的《万寿图》卷中的第一

图 4.15　引水石槽　位于今天香山公园内

26　于敏中主编《日下旧闻考》第五册，北京出版社，2018，第 1391 页。

图 4.16　弘旿　《都畿水利图》卷之建筑群局部

卷"嵩呼介景"中，重点表现了万寿山和其上的大报恩延寿寺，将万寿庆典的序幕放在以昆明湖为核心的清漪园中徐徐展开。当然，修建昆明湖为皇太后祝寿之余，乾隆皇帝更愿意强调的是，昆明湖作为新修水库的水利作用。乾隆皇帝在写于乾隆十六年（1751）的《万寿山昆明湖记》中谈到昆明湖开发后的好处：通过对昆明湖的开发，"廓与深两倍于旧"[27]，且"湖成而水通，则汪洋潆沆，较旧倍盛"[28]。以往"城河水不盈尺，今则三尺矣"[29]。关于农田问题也有所解决："昔之海甸无水田，今则水田日辟矣。"[30]《万寿山昆明湖记》中谈到了治水问题、山的更名问题与湖之始成的问题，但没有谈作为园林的清漪园问题。十年之后，在乾隆二十六年（1761）乾隆皇帝才写下另外一篇：《万寿山清漪园记》。迟迟没有动笔来写清漪园，是因为乾隆皇帝自己"难于措辞"[31]。其难在曾昭告天下要"勤俭"，如今却又大兴土木。

　　乾隆帝在《万寿山清漪园记》中嘲讽了自己"与我初言有所背，则不能不愧于心"。并通过给自己设置时间限度——"过辰而往，逮午而返，未尝度宵"——来"限制"自己，并希望通过此能"犹初志也，或亦有以谅予矣"。当然，对于乾隆皇帝来说，虽然"食言"了，在圆明园之后还

27　于敏中主编《日下旧闻考》第五册，北京出版社，2018，第 1392 页。
28　同上。
29　同上。
30　同上。
31　于敏中主编《日下旧闻考》第五册，北京出版社，2018，第 1393 页。

图 4.17　《万寿图》卷之昆明湖局部

是建造了一个奢华的大型皇家园林，但昆明湖所带来的水系改造还是为西山乃至京城带来诸多好处，甚至是"万世永赖之利"[32]。乾隆皇帝在《万寿山清漪园示咏》中解释道：

> 万寿山旧名瓮山，乾隆己巳岁始考通惠河之源，即《元史》所载引白浮、瓮山诸泉云者。时因岁久淤塞，命就山前芟芜浚隍，汇玉泉西湖之水成一区，命曰昆明湖。又设闸、坝、涵洞以御夏秋泛涨，且贮以济运，兼资稻田灌溉……[33]

昆明湖以前一直叫西湖，从乾隆十四年（1749）到乾隆十五年（1750）间对西湖疏浚、扩建，更名昆明湖，对原本西湖旁的瓮山也有所扩建，改名为万寿山。而万寿山和昆明湖共同构成乾隆新的皇家苑囿——清漪园。乾隆朝疏浚淤塞的地方，开拓昆明湖，并建设了诸多相关的闸口排水设施。昆明湖可谓是北京水利史上第一个人工水库。乾隆朝加大了昆明湖的面积，也加深了深度，这增加了对玉泉一带水资源的存储。这些水资源既作为皇家园林清漪园的核心景观，也可以解决灌溉农田、贮济漕运等现实民生问题。此外，玉泉山南岸的水为高水湖，湖中心的建筑为影湖楼。高水湖作为昆明湖的上游，也是一处人工水库，两湖之间有闸相连，高水湖"当时蓄潴，不轻下放，惟遇春夏之交，雨水或少，始递泄以灌溉稻畦"[34]。高水湖东南还有乾隆朝修建的养水湖，同为调蓄水库，但不同之处是，高水湖是以调节昆明湖之水为主，养水湖是以调节农田灌溉用水为主。以上乾隆朝新兴水利的基本形象都在弘旿绘制的《都畿水利图》长卷中被如实地反映了出来。

《都畿水利图》卷中，在三山三园之间连接处的大片空地上，弘旿绘制了大量的稻田，即著名的京西稻，这彰显着西山之水的另一重"水德"。自东向西看，从长河即将进入昆明湖一带即开始绘制有大面积的稻田，方

32　同注 26。

33　爱新觉罗·弘历：《乾隆御制诗文全集》（十），中国人民大学出版社，2013，第 90 页。

34　爱新觉罗·弘历：《自玉河泛舟至昆明湖登石舫溪路沿览杂咏诗八首》，载《乾隆御制诗文全集》（六），中国人民大学出版社，2013，第 405 页。

整的田地里，成排的禾苗已经长了起来。弘旿的自题里显露出这位宗室画家充分理解着乾隆皇帝的认识，并认真地恭读过乾隆帝的诗文。画面中对长河与昆明湖相接处稻田的描绘，正如乾隆帝《玉河泛舟至万寿山清漪园·其二》诗中对稻田的描绘："低处稻田高大田，容容入望绿云连。"[35]而在清漪园的昆明湖上，乾隆帝也观察这四周的农田感慨良多。其在《昆明湖上作》诗中写道："新辟水田千顷绿，喜看惠泽利三农。"[36]从昆明湖向西一直到画面结尾处西山的尽头，除了位于中心的玉泉山静明园、万寿山清漪园，其余地方几乎布满农田。画面中的农田不仅分布在玉泉山周围，也一直延伸到香山的脚下。在《游香山出御园门见水田稻秧已长欣然有作》诗中，乾隆帝描述了香山静宜园外郁郁葱葱的稻田景象："欲到香山补咏篇，往还四日戒耽延。舆轻甫出御园者，途坦近临溪陇焉。簇簇稻秧争发长，森森麦穗待成坚。不无目慰虞心放，益自殷殷勉惕虞。"[37]诗中描绘了溪陇旁边繁簇的稻谷争相生长，麦穗即将变得坚实有力。并在诗后解释了写下此诗的前一年五月才开始插秧，今天所见秧苗都已经出水有三四寸高了。乾隆皇帝在其一生所写下过的众多御制诗中，以京西稻风光为题材的诗歌就有百首之多。[38]海淀区的水稻种植始于三国曹魏时期，但京西稻的种植始于康熙时期。康熙皇帝南巡带回稻种在玉泉山一带试种，随着方法的不断改进，培育出了品质极佳的京西稻，雍正时种植面积进一步扩大。随着乾隆朝对西山水资源的开发、连结、利用，乾隆皇帝在康熙、雍正朝的基础上，进一步拓展了京西稻的生长环境，种植面积与产量通过改进陆续加大，乾隆年间内务府官种稻田与召农佃种稻田，二项合计"共一百八顷九亩有零，较往时几数倍之"。[39]

　　除了水稻，西山一带也种植麦子等其他农作物。乾隆皇帝在《仲夏游玉泉山》诗中同时谈到稻与麦的农耕之景："水田粳稻旱田麦，苗吐菁葱穗吐全。"[40]乾隆帝在他的御制诗集中，有大量关于西山一带景色的描写，

35　同注33。
36　爱新觉罗·弘历：《乾隆御制诗文全集》（二），中国人民大学出版社，2013，第532页。
37　爱新觉罗·弘历：《乾隆御制诗文全集》（九），中国人民大学出版社，2013，第870页。
38　李增高、洪立芳、李向龙：《清代京西稻的形成与发展》，《遗产与保护研究》，2016年第3期。
39　于敏中主编《日下旧闻考》第四册，北京出版社，2018，第1188页。
40　爱新觉罗·弘历：《乾隆御制诗文全集》（九），中国人民大学出版社，2013，第98页。

这些诗句中常常充满着对西山水系沿途农田的关注。例如在御制诗《玉泉山北》中，乾隆帝感慨位于玉泉山北侧的农田"高低无麦不菁葱，含气结浆远近同。露润晶晶辉晓日，浪翻叠叠度轻风。"[41] 所有的麦苗不论高高低低全都绿油油的，远近连成片的麦田在清风中仿佛滚动的海浪。乾隆帝还写过《玉泉山西》诗，诗中同样描写了麦田郁郁葱葱整齐的景象："轻舆晓发玉山西，蔚绿如有油麦颖齐。"[42] 乾隆皇帝游览玉泉山，目之所及，皆是无尽的农田。

乾隆皇帝讨论西山之水，多次提到"水德"。西山之水在乾隆朝被赋予了高尚内敛的德行。对农田的灌溉，以及对漕运的维系，都是西山之水的重要"水德"。清中期，京城用水日感不足，漕运也因河道淤堵而受到影响。乾隆十四年（1749）冬开始，京城西山一带开启了一次大规模水系工程的开发整理，主要包括扩大昆明湖，修建水闸以及修建高水湖、养水湖以调节水位，铺设引水石槽引入香山等更靠西的水以增加水源，并以玉泉山为核心进一步扩大了京西稻的种植面积以扩展对农业民生问题的解决，等等。由此，以西山之水为源头的梳理，使得京畿水路全部盘活，丰富联结的水道串联着乾隆朝并立的三山三园，终"引流入京城，绕紫禁城而出，归通惠河通济漕渠，灌溉田亩，实万世永赖之利也"[43]。比之甘甜与水质之轻，乾隆朝勾连成片的玉泉水系，滋养着整个帝京的漕运、民生，这才是真正"天下第一泉"所体现的"水德"。西山之水的有序运转，使得京城之水更好地运转。西山之水正是帝京之水的命脉所在。

第三节　现实的焦虑——旱灾、龙王与祈雨

董邦达、张若澄、方琮等人笔下的西山图像中充满水元素。这些涓涓泉水滋养着西山山林，乾隆皇帝享乐于此；弘旿笔下的京城水系东西贯通，灌溉着西山脚下接连成片的稻田，也使得通惠河等漕运体系"完美"地运

---

41 爱新觉罗·弘历：《乾隆御制诗文全集》（九），中国人民大学出版社，2013，第870—871页。

42 爱新觉罗·弘历：《乾隆御制诗文全集》（九），中国人民大学出版社，2013，第78页。

43 于敏中主编《日下旧闻考》第五册，北京出版社，2018，第1391页。

转着。但是乾隆时期的西山之水、京城之水真的如此理想吗？

乾隆皇帝在《即事三首》诗中感慨："莅政十八年，年年愁水旱。"[44]
对于水的问题，作为文人身份在西山林泉暂时的品泉享乐，和作为帝王身
份对水患旱灾的忧虑是共存的。历来帝王都非常重视祈雨问题，清乾隆朝
亦不例外。旱灾、龙王与祈雨活动一直伴随着乾隆皇帝。能兴风致雨的龙
王向来受到帝王、百姓的祭拜，龙神信仰与旱涝、雨雪关系密切。乾隆朝
京城中龙王庙很多，作为国家祭典级别的龙王庙，位于西山的就有三个，
分别是昆明湖广润祠、玉泉山龙神祠和黑龙潭龙王庙。

"广润祠昆明湖上旧有龙神祠，爰新葺之而名之曰广润云。"[45] 昆明
湖上本来就有旧的龙王庙，在乾隆朝经过修葺后更名为广润祠。《都畿水
利图》卷中的昆明湖上坐落着一个小岛，小岛通过十七孔桥与东岸相连。
这小岛上的建筑形象即位于清漪园中的龙王庙——广润祠。十七孔桥右侧
（东侧）的岸上还有乾隆二十年（1755）建造的铜牛。（图 4.18）广润
祠与铜牛都和水患有着密切的关系。传说大禹每治水成功就将一铁牛置于
水中，至唐朝，铁牛则放在岸边以记功。乾隆皇帝制铜牛放置在人工水库

图 4.18　弘旿《都畿水利图》卷之昆明湖上广润祠与铜牛部分

44　爱新觉罗·弘历：《乾隆御制诗文全集》（三），中国人民大学出版社，2013，第 130 页。
45　爱新觉罗·弘历：《乾隆十五年御制广润祠诗》，载于敏中主编《日下旧闻考》第五册，北京出
　　版社，2018，第 1406 页。

图 4.19   弘旿 《大禹治水图》卷 局部   纸本设色   全卷纵 31.5 厘米   横 163.9 厘米   故宫博物院

昆明湖旁"用镇悠永"[46]。这是乾隆皇帝对大禹治水的自比。而绘制了《都畿水利图》卷的弘旿还曾绘制过《大禹治水图》卷（图 4.19）以隐喻歌颂乾隆皇帝治水的功绩。

玉泉山的龙神祠位于"玉泉趵突"之上，"乾隆九年奉旨封京都玉泉山龙王之神为惠济慈佑龙神，十六年奉旨玉泉山龙神祠易以绿琉璃瓦"[47]。在方琮《静明园图》屏和张若澄《燕山八景图》册之"玉泉趵突"中，都出现了位于玉泉山静明园中的龙王庙形象。（图 4.20、图 4.21）位于"天下第一泉"之上的玉泉龙王庙是国家祭典级的龙王庙，其祭祀规格"均与黑龙潭同"[48]。黑龙潭龙王庙在明时就有，因祷雨非常灵验，到了清代，康雍乾三代帝王都非常重视：康熙朝重建黑龙潭且遣官致祭；雍正朝有所重修，并覆以皇家高规格的黄琉璃瓦；乾隆时因"遇京师雨泽愆期，祈祷必应"，遂于乾隆五年（1740）加黑龙潭龙神封号，封为"昭灵沛泽龙王之神"[49]。

46 爱新觉罗·弘历：《金牛铭》，载《乾隆御制诗文全集》（十），中国人民大学出版社，2013，第 540 页。
47 《大清会典则例》卷八十四，载《景印文渊阁四库全书》第 622 册，台湾商务印书馆，1986，第 629 页。
48 《清文献通考》卷一百五，载《景印文渊阁四库全书》第 634 册，台湾商务印书馆，1986，第 353 页。
49 《清文献通考》卷一百五，载《景印文渊阁四库全书》第 634 册，台湾商务印书馆，1986，第 351 页。

图 4.20　方琮《静明园图》屏之"玉泉趵突"中的龙王庙形象

图 4.21　张若澄《燕山八景图》册之"玉泉趵突"中的龙王庙形象

图4.22 麟庆《鸿雪因缘图记》之《龙潭感圣》

图4.23 北京黑龙潭之潭部分的现今实景照片 作者摄

黑龙潭龙王庙的形象在道光年间麟庆（1791—1846）著、汪春泉等绘图的《鸿雪因缘图记》第三集《龙潭感圣》一开版画（图 4.22）中有所出现，该形象非常忠实于位于今北京海淀区画眉山的黑龙潭真实景致样貌（图 4.23）。画面中最高处的建筑即龙王庙，今天在黑龙潭龙王庙还有康雍乾三朝皇帝祈雨相关文字御碑。

当然，乾隆朝北京还有更多的龙王庙。例如西苑中"水殿之北有龙王庙"[50]，西直门有龙王庙[51]、南苑有龙王庙[52]……就西山来说，香山静宜园也有龙王庙，位于驯鹿坡迤西，[53] 再如前文提及的，弘旿《都畿水利图》卷中出现的四王府广润庙，其最主要的功能也是"祀龙神"，为乾隆年间敕建[54]。这都与干旱和祈雨密切相关。

乾隆帝写有不少关于祈雨的诗作。据笔者统计，在《乾隆御制诗文全集》中有"祈雨"字眼的诗作就有 100 余首，且诗中的祈雨地点几乎都是位于西山的这三处龙王庙。诗中祈雨或祈雪的结果往往是成功的，例如："二十六日亲诣玉泉山祈祷，瓣香甫达，即见祥霙飘洒，其势颇觉缤纷……"[55] 抑或"昨早诣昆明湖广润祠祈泽，日间云气尚觉未厚，至夜半遂闻雨声。"[56] 乾隆皇帝不仅亲自去祈雨，退位为太上皇以后，也携子皇帝去祈雨；在位时也会派不同人去祈雨，这些人有蒙人和回人，具有多民族性。[57] 乾隆帝祈雨的仪式与方式是多样的，例如会用到《大藏经》祈雨，今故宫博物院存多套《御制大云轮请雨经》（图 4.24），有藏、满、蒙、汉四种文字，卷前有图 11 幅，各附图说，为祈雨设坛用。具体如何使用《大云轮请雨经》请雨，乾隆帝六子永瑢（1743—1790）绘有《大云轮请雨经结坛仪轨图说》册并配有文字详细描绘。（图 4.25）永瑢在册页自题中谈到，乾隆四十三年（1778）由于收成不好，乾隆皇帝"复出仓储米麦，并彻尚膳岁需麦之

50　于敏中主编《日下旧闻考》第二册，北京出版社，2018，第 391 页。
51　于敏中主编《日下旧闻考》第三册，北京出版社，2018，第 840 页。
52　于敏中主编《日下旧闻考》第四册，北京出版社，2018，第 1263 页。
53　于敏中主编《日下旧闻考》第五册，北京出版社，2018，第 1444 页。
54　于敏中主编《日下旧闻考》第六册，北京出版社，2018，第 1672 页。
55　爱新觉罗·弘历：《诣玉泉山龙神祠祈祷得雪有作》，载《乾隆御制诗文全集》（十），中国人民大学出版社，2013，第 250 页。
56　爱新觉罗·弘历：《夜雨》，载《乾隆御制诗文全集》（九），中国人民大学出版社，2013，第 884 页。
57　常建华：《乾隆帝祈雨祈晴的多民族性》，《紫禁城》2011 年第 5 期。

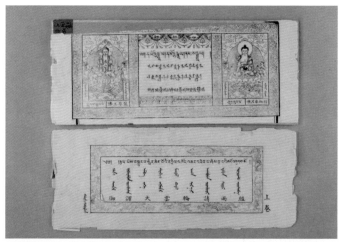

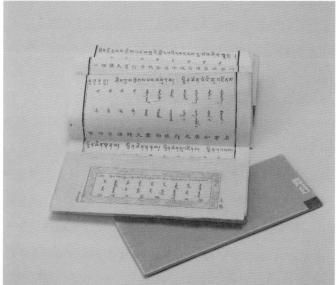

图 4.24 《御制大云轮请雨经》 故宫博物院

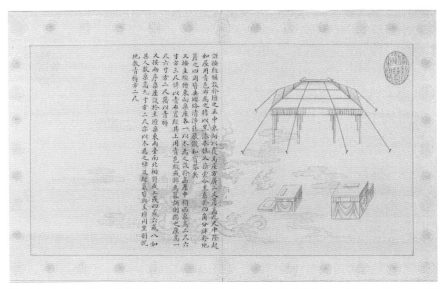

图 4.25　永瑢　《大云轮请雨经结坛仪轨图说》册　绢本　纵 35.5 厘米　横 58.7 厘米　台北故宫博物院

半，减价设厂，分粜以平市值而裕民食。又躬祷黑龙潭神祠，而命子臣等每日礼拜，复分祈于三坛，越数日，又遣大臣往祷于石匣龙潭……"乾隆朝频繁且多民族性的祈雨活动背后反映出的是乾隆朝的干旱问题。

北京地区地下水和降雨量都曾非常充沛，明清时期西山泉水量减少，有的甚至断流，乾隆朝为了增加通惠河上游水源，不惜扩挖昆明湖并开凿石槽从香山和卧佛寺引泉水贯穿并增加水系流量。《都畿水利图》卷中反映出来的乾隆朝新兴建的诸多水利措施也都是对此时期北京水资源持续减少状态的应对措施。

乾隆帝将之前燕山八景之一的"玉泉垂虹"更名为更有现实感的"玉泉趵突"，其实也反映了泉水源头缩减，西山地下水资源日益减少的现实问题。如今北京水资源持续减少，乾隆朝玉泉水只能原地涌现的"玉泉趵突"之景也看不到了。从地理学的角度来讲，京师顺天府属于大陆性季风气候，冬春干旱，夏秋多雨，降水非常不平均，导致自然灾害频繁，旱涝交替。而在清代顺天府的所有自然灾害中，又以旱灾发生频率最高、危害最大，四季中以春旱为主。[58] 清代顺天府的旱灾很多，乾隆帝即使在图像和诗文的表现中常常充满理想，但《清实录》中记录过乾隆帝曾谈到"十年九忧旱"[59]。《中国气象灾害大典·北京卷》中统计数据显示，清代 268 年当中有 163 年干旱，占比高达 61%，其中有 49 年属于大旱。[60]

乾隆皇帝并不会让当朝宫廷绘画或自己的御制诗中直接表现这些与水有关的灾难。在乾隆朝宫廷绘制的西山图像中可以看到山涧里的溪流、泉水和茶舍。关于玉泉的《玉泉山天下第一泉记》中屡屡强调泉水背后的水德。同样，《都畿水利图》卷中可以看到开阔的昆明湖和高水湖，顺畅贯通的京城水系以及广阔的稻田。但顺畅水系之中建盖的各种龙王庙提示了乾隆皇帝位于西山频繁、多地的祈雨活动。而乾隆新兴的水利建设和昆明湖等人工水库美景的背后则透露着乾隆帝对旱涝灾害问题最实际的解决和努力。乾隆帝多次不厌其烦地亲自前往黑龙潭、广润祠等西山龙王庙祈雨，且使用多民族、多宗教的手段祈雨，都是在试图解决水灾带来的一系列粮价、灾荒等民生问题。祈雨活动和水的相关问题，既是经济问题，也是民生问题，更是政治问题。由此可见，乾隆皇帝对于京城之水乃至天下之水的忧虑与恐慌、企盼与愿望，全都落实并浓缩在了西山这处离皇城最近的自然山水之中。

58　吴力勇：《清代顺天府旱灾与禳灾初探》，硕士学位论文，暨南大学，2011。
59　《高宗实录》（四），收入《清实录》（第十二册），中华书局，1985，第134页。
60　《中国气象灾害大典·北京卷》，气象出版社，2005，第9页。

第五章　西山与天下：对各地景观的容纳

　　王闿运（1833—1916）曾在《圆明园词》中用一句非常有名的话来形容乾隆皇帝在皇家园林中对江南景观的仿建与容纳："谁道江南风景佳，移天缩地在君怀。"[1]实际上就乾隆朝西山图像中所表现的景观形象来说，仿建涉及全国多地，并不仅仅是"江南风景"。本章即从仿建的角度切入，集中讨论乾隆朝西山图像中出现的三种较为典型的写仿形象，并分析其背后反映出的乾隆帝的多元意识。

第一节　写仿江南

　　清代北方皇家园林中写仿江南的现象不胜枚举，相关研究也有很多。在乾隆朝西山上的皇家苑囿中，有不少景色的设计都是写仿自江南，例如清漪园中的昆明湖形象来自杭州西湖，昆明湖中的苏堤也仿自西湖西堤。（图 5.1、图 5.2 ）这种写仿从水面划分、山与湖的尺度和空间关系，以及西堤走向，还有万寿山上拟建造模仿西湖六和塔的延寿寺塔等都是对西湖的全面写仿。此外，再如玉泉山上的玉峰塔和水面构成"玉峰塔影"一景，这山、塔、水的组合关系都写仿自镇江金山。"写仿"一词在《史记·秦始皇本纪》中就已经出现了，秦始皇开创了写仿的先河，灭六国统一天下后，秦始皇授命在咸阳北的山坡上仿建以往各国的宫殿建筑，以象征着对全天下的占有。之后历代皇家宫殿园林也偶尔有这样的例子，但总体并不流行，

1　王闿运：《湘绮楼诗文集》，岳麓书社，1996，第 1405 页。

图 5.1　清人　《万寿图》卷之"西堤"局部　绢本设色　全卷纵 65.1 厘米　横 2517.8 厘米　故宫博物院

图 5.2　董邦达　《西湖十景图》卷之"西堤"局部　纸本设色　全卷纵 41.7 厘米　横 361.8 厘米　台北故宫博物院

直到清乾隆时期写仿现象又被发扬光大了。[2]

　　西山中写仿江南元素多和水景密切相关，因有着清冽泉水而知名的玉泉山就有着丰富的水面和水景。宋以来关于各地"八景"的诗文和绘画很多，以"潇湘八景"最为有名。像八景一样，历史上各地的名胜景致多有固定的数字，乾隆帝也非常喜欢给各地景观命名八景、十六景等，例如玉泉山静明园即被命名有十六景。在"静明园十六景"中，"竹炉山房"与"圣因综绘"这二景的形象都是写仿江南的典型。

一、竹炉山房

　　张若澄《燕山八景图》册中的《玉泉趵突》一开（图 5.3）、方琮《静明园图》屏（图 5.4）以及乾隆皇帝御笔《竹炉山房图》轴（图 5.5）中都出现了"竹炉山房"的形象。张若澄和方琮笔下的竹炉山房形象以界画

图 5.3　张若澄　《燕山八景图》册之《玉泉趵突》中的"竹炉山房"形象

图 5.4　方琮　《静明园图》屏"竹炉山房"　　图 5.5　乾隆皇帝　《竹炉山房图》轴局部
　　　　形象

的方式呈现出非常规整的建筑形象，且选取角度几乎一样，都是从东南角俯视下来观看的。乾隆御笔的山房形象更朴拙，将两个空间维度拉平。竹炉山房是仿自无锡惠山听松庵的竹炉山房。惠山是一座多清泉的山，且历史上陆羽等人将惠山的泉水列为天下第二泉，明代诸多文人曾在惠山竹炉山房雅集，并在茶舍中用惠山泉水烹茶。山间茶舍与泉水相邻的雅致文人情怀被乾隆皇帝追念，不仅每次南巡去惠山都要在竹炉山房中用惠山著名的"第二泉"烹茶，还在旁边题写了"天下第二泉"字样，并将这一套茶舍与泉水的组合"挪"到了京城的自然山水——西山玉泉山中。玉泉山同惠山一样也是一座多泉的山，且"玉泉"也历来知名，在旁边仿建竹炉山房，刚好将惠山的雅致移挪到了身边。且经过对玉泉"天下第一"的定名之后，乾隆帝随时可以抵达的玉泉山中的山房与泉水的组合，便胜过了惠山。

二、圣因综绘

方琮在《静明园图》屏中有一幅表现了静明园十六景之一的"圣因综绘"（图5.6）。"圣因综绘"图中的建筑群是仿自乾隆朝位于杭州西湖孤山上的行宫。此行宫最初由康熙帝建，至雍正时期因久不用，奉旨改为佛寺，雍正帝赐名为圣因寺。乾隆十五年（1750），也即乾隆帝第一次南巡的前一年，在圣因寺的旁边重新修整建置了行宫，号因圣行宫。乾隆帝于乾隆十八年（1753）写有一首《圣因综绘》诗并序：

> 荟萃西湖行宫八景于山之坤隅，恍揽两高而面南屏坐，天然图画间也。为爱西湖上，行宫号圣因。图来原恰当，构得宛成真。钟递南屏韵，山标上竺皴。所输波万顷，却便阅耕畇。[3]

西湖行宫有八景，位于西湖北岸边的孤山南侧，由于行宫对岸为位于西湖南岸上的"南屏晚钟"一景，故乾隆帝感慨"面南屏坐，天然图画间也"。这首五言诗曾被乾隆皇帝题写在董邦达《西湖八景弘历书诗图》卷的上方空白处（图5.7），也被乾隆帝题写在了方琮绘制的《静明园图》

3　爱新觉罗·弘历：《乾隆御制诗文全集》（三），中国人民大学出版社，2013，第140页。

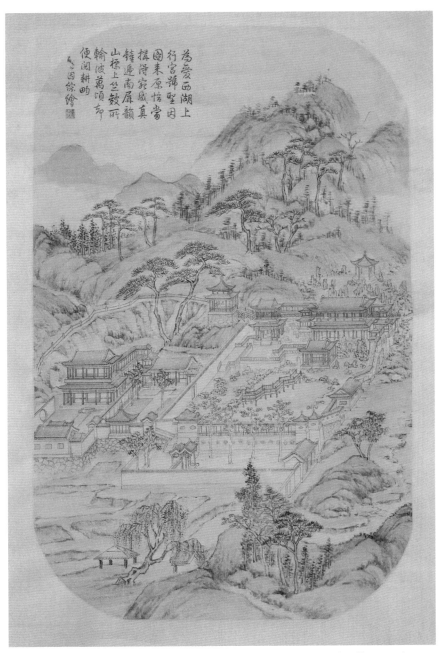

图 5.6　方琮　《静明园图》屏之"圣因综绘"　纸本设色　全屏纵 267 厘米　横 56.5 厘米
御笔分题　沈阳故宫博物院

图 5.7　董邦达　《西湖八景弘历书诗图》卷　纸本水墨　纵 37 厘米　横 90 厘米　故宫博物院

屏中的"圣因综绘"一幅的左上角。这也凸显了玉泉山上的此景写仿自江南之西湖行宫。

在乾隆朝《南巡盛典》中收录有一幅表现西湖行宫的版画，画面呈现了行宫的规制和全貌，重要的建筑景观上都标注有小字。（图 5.8）八景文化对乾隆皇帝的影响同样蔓延到对西湖行宫景色的提炼与命名上。乾隆帝曾写有《西湖行宫八景》，这八景分别为：四照亭、竹凉处、绿云径、瞰碧楼、贮月泉、鹫香庭、领要阁、玉兰馆。在版画"西湖行宫"图中可以看到小字标注出的景观并不止八景，但乾隆帝题诗的这八景是西湖行宫的核心。通过对"西湖行宫"版画和方琮笔下的"圣因综绘"图进行比较，可以发现乾隆帝在京西玉泉山上对西湖行宫的仿建基本以版画图中靠上的院落为核心，也即是大概以这八景为核心，但并不绝对。经过比对可以发现，"圣因综绘"图的中心位置为院落中有曲桥的水池。而这有曲桥的水池形象正和版画中标有小字"贮月泉"的形象一致。以如此为定位坐标来看，"圣因综绘"图中可以和版画中八景形象明确对应的还有瞰碧楼、鹫香庭、玉兰馆，还有更靠外的领要阁和四照亭（或竹凉处）。从中可以看出乾隆帝在玉泉山上仿建西湖圣因行宫并不是完全照搬，而是选取了行宫中景致最有趣味的精华部分，但从画面中仿建的几处建筑规格和对"贮月泉"的仿建来看，其仿建得非常精致，将乾隆帝喜爱有加的西湖行宫之景完美地移挪到了京城中和乾隆帝近在咫尺的玉泉山上。

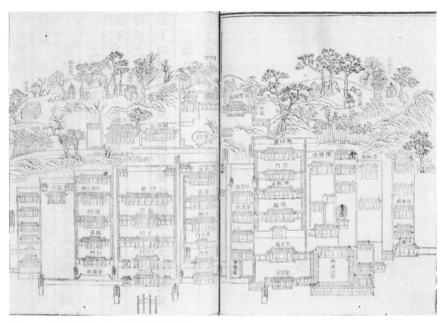

图 5.8　《南巡盛典》之"西湖行宫"版画

第二节　塞外与满洲元素

通常讨论清皇家园林中仿建江南的问题比讨论仿建其他地区元素要频繁，但对其他地区景观的仿建更能体现出乾隆帝意识的丰富性。西山乾隆朝皇家苑囿中，玉泉山静明园和万寿山清漪园都有着宽阔的水面，苑囿中也多水景，故多江南元素。而香山静宜园基本依山建园，大面积的山林景观和塞外热河乃至东北满洲发源地区的自然景观和物种生存环境有着天然的相似性，这构成仿建的基础。

一、绚秋林

香山秋日树林中红黄相间的绚烂色彩历来是一佳景，在金代就有"山林朝市两茫然，红叶黄花自一川"[4]的描写。在乾隆朝的几套"静宜园图"中都有作为静宜园二十八景之一的"绚秋林"形象出现。

董邦达《静宜园二十八景图》轴中的"绚秋林"形象和沈阳故宫博物院藏《静宜园图》册[5]之"绚秋林"形象较为一致，（图 5.9、图 5.10）两处观景亭间有小道相连，处在半山腰上的该景中，长有红叶的树木间杂其间。香山秋日树林中绚烂的色彩主要是靠红叶，而红叶基本来自黄栌树。乾隆皇帝于乾隆十一年（1746）作有《绚秋林》一诗并有序：

> 山中之树嘉者，有松，有桧，有柏，有槐，有榆，最大者有银杏，有枫。深秋霜老，丹黄朱翠，幻色炫采。朝旭初射，夕阳返照，绮绘不足拟其丽，巧匠设色不能穷其工。嶂叶经霜染，迎晖紫翠纷。绚秋堪入画，开锦恰过云。晻蔼峰容变，迷茫界道分。金官斗青帝，果足张吾军。[6]

其后半段的五言诗部分被乾隆帝题写在了《静宜园图》册之《绚秋林》一开上。该画面中的绚秋林形象并没有大量成片的红叶林出现，只是几棵点景式的枫叶或黄栌树象征性地代表着此处的景致。香山黄栌比华北地区的黄栌普遍高大，树龄也长，应长期受到过人工保护。有研究通过对树龄

4　周昂：《香山》，转引自张宝章、易海云编著《海淀古诗选析》，北京市海淀区地方志办公室，2001，第 1 页。
5　应同为董邦达绘制。见本书第二章注释 49。
6　爱新觉罗·弘历：《静宜园二十八景诗·绚秋林》，载《乾隆御制诗文全集》（一），中国人民大学出版社，2013，第 804 页。

图 5.9　董邦达《静宜园二十八景图》轴 "绚秋林"部分　绫本设色　纵 196 厘米　横 153.2厘米　故宫博物院

图 5.10　《静宜园图》册之《绚秋林》沈阳故宫博物院

解析，可推断香山至少在清末已形成了以黄栌为主的红叶林，[7] 而且香山的许多黄栌都是乾隆时期新增加的[8]。所以画面中的 "绚秋林"形象还处在比较 "年轻"的状态。乾隆时期在香山原有植被基础上进一步特意打造出 "绚秋林"一景，是对塞外景致乃至东北满洲发源地生态的模仿。

郎世宁笔下表现乾隆帝在热河秋狝的《弘历观马技图》轴（图 5.11），以及徐扬《弘历虎神枪记图》（图 5.12）中，平缓的山坡中部都间杂着有各色树叶的树木形象。虽然树木不多，但树叶的红色非常明显，和白色、墨色的其他树叶色彩一起构成多色绚烂的秋林景象。这些表现木兰围场等塞外围猎的秋景图像与香山静宜园中的 "绚秋林"一景的形象非常一致。乾隆时期的热河地区地处京师、盛京和内蒙古东三盟这三处政治地缘的接合部。除了热河的木兰围场，清代还有东北地区的盛京围场、吉林围场以

7　周肖红：《历史名园植物景观的传承——以香山公园历史文化植物景观的保护和恢复为例》，"北京园林绿化"学术研讨会会议论文，北京，2010。
8　仇莉：《明清皇家园林植物景观初探》，硕士学位论文，北京林业大学园林学院，2010。

图 5.11　郎世宁　《弘历观马技图》轴　绢本设色　纵 225 厘米　横 425.5 厘米　故宫博物院

图 5.12　徐扬　《弘历虎神枪记图》局部　纸本设色　纵 185 厘米　横 169.7 厘米　故宫博物院

及黑龙江围场，其地理环境和植被分布也有着相似性。热河地区处在世界
上最长的亚洲森林—草原过渡带上，保持着林木草原混杂的生态特点。而
北京西山的香山静宜园中，乾隆帝一方面利用西山的山势特征和西山本身
的植被基础，另一方面进一步有意识地人工种植能形成塞外大面积红叶的
黄栌等植被，来获得对纬度更靠北的塞外的植被景观的写仿和移植。

二、驯鹿坡

　　静宜园中还有一处景观属于塞外与满洲元素，即被乾隆皇帝定为
二十八景之一的"驯鹿坡"。在乾隆朝表现静宜园的绘画中，张若澄《静
宜园二十八景图》卷、董邦达《静宜园二十八景图》轴都是非常尊重实景
特征的图像，其中驯鹿坡一景的形象都用一个由木栅栏围合而成的小鹿苑
形象表示，且围栏中并没有鹿的形象出现。（图 5.13、图 5.14）画家在高
头大卷中描绘精简复杂细节的同时，也留给了观者想象的空间，暗示着驯
鹿此时并不在栅栏中，而是奔走在周围的山林之中。而沈阳故宫博物院《静
宜园图》为册页的形式，二十八景中的每一景都分别绘制，也更精细。《驯
鹿坡》一开中，同样是半山坡的平台上有着一排木栅栏围合的鹿苑，但围
栏中出现了长有高大鹿角的驯鹿形象。（图 5.15）

　　乾隆皇帝于乾隆十一年（1746）写有《驯鹿坡》诗并序：

　　　　东海有使鹿之部，产驯鹿，胜负戴，被鞍服箱，兼牛马之用，
　　而性尤驯扰。用则呼之使前，用毕散走山泽。其地习为固然，弗
　　之异也。宁古塔将军以之入贡。中国服牛乘马，不假为用，因放
　　诸长林丰草，俾适其性，其毋以不见用自感耶。

　　　　鹿马原常有，牲牲看两三。器车浑可驾，绿耳底须骖。丰草
　　群惟适，嘉苹性所耽。辋川传鹿柴，视此定增惭。[9]

　　关于驯鹿坡的诗，乾隆帝在乾隆十九年（1754）还写有一首并序：

9　爱新觉罗·弘历：《乾隆御制诗文全集》（一），中国人民大学出版社，2013，第 802 页。

图 5.13　张若澄《静宜园二十八景图》卷之"驯鹿坡"局部

图 5.14　董邦达《静宜园二十八景图》轴之"驯鹿坡"局部

图 5.15　《静宜园图》册之"驯鹿坡"

静宜园有驯鹿坡，乃黑龙江将军所进。其地以使鹿为俗，山
庄则濯濯麌麌，惟性所适，无异家畜，故亦以名坡。驯鹿亲人似
海鸥，丰茸丰草恣呦呦。灵台曾被文王顾，例视宁同塞上麃。[10]

诗文中乾隆帝将性格温顺的驯鹿比作与人亲近的海鸥，并认为在香山中的驯鹿坡一景比唐代诗人王维（701—761）描述辋川中"鹿柴"的景致还要好。乾隆帝使用《诗经·小雅·鹿鸣》中"呦呦鹿鸣，食野之苹"的典故，也引用《诗经·大雅·灵台》的典故。在诗经中《灵台》一诗中有句："王在灵囿，麀鹿攸伏。"[11]《毛诗序》中讲："灵台，民始附也。文王受命而民乐其灵德，以及鸟兽昆虫焉。"[12] 文王建造灵台，使有德行的人都来归附，连鹿这样的有灵之兽也都前来臣服于文王。乾隆帝自比文王，认为进贡来散养在香山的温顺驯鹿悠然自得地在自己的御园中，即是一种"王在灵囿，麀鹿攸伏"的境界。此外，两首御制诗的诗文和序的内容都解释了香山驯鹿坡中的驯鹿是黑龙江宁古塔将军进贡来的。

郎世宁在乾隆十年（1745）专门绘制有一驯鹿形象。[13]《东海驯鹿图》轴（图 5.16）经《石渠宝笈三编》著录。根据画面右上方空白处乾隆帝御题可知，画面中的白鹿是宁古塔将军巴灵阿奏进贡的东海使鹿部所产的驯鹿。画面中的驯鹿全身色白，表情温和，四肢强健有力，最突出的还是和身高几乎等高的盘曲鹿角。郎世宁在乾隆朝用精细的西洋笔法绘制了不少犬、马等动物形象。其中乾隆八年（1743）绘有十幅表现骏马的大型绘画，几乎都是 1∶1 按真马大小绘制的，现分藏北京故宫博物院和台北故宫博物院，经《石渠宝笈初编》著录。[14]《东海驯鹿图》轴一样，也是在乾隆帝的授命下对驯鹿进行绘制，且根据驯鹿通常的身高和画幅尺寸来看，郎世宁笔下的驯鹿形象也几乎是按 1∶1 比例原大小绘制的。驯鹿毛发的质

10　爱新觉罗·弘历：《驯鹿坡》，载《乾隆御制诗文全集》（三），中国人民大学出版社，2013，第 250 页。
11　程俊英，蒋见元：《诗经注析》，中华书局，1999，第 789 页。
12　程俊英，蒋见元：《诗经注析》，中华书局，1999，第 787 页。
13　此画虽无署款，但根据笔法应是郎世宁所作。
14　其中北京故宫博物院藏的五件为：《狮子玉》轴、《英骥子》轴、《万吉骦》轴、《自在骄》轴、《阚虎骝》轴；台北故宫博物院藏的五件为：《奔霄骢》轴、《赤花鹰》轴、《雪点雕》轴、《霹雳骧》轴、《籋云驶》轴。

图 5.16　郎世宁　《东海驯鹿图》轴
绢本设色　纵 211.8 厘米　横 215.4 厘米　台北故宫博物院

地与炯炯有神的双眼都被细腻描绘，画法水准高超。画面上御题《驯鹿歌》
内容如下：

> 宁古塔将军巴灵阿奏进东海使鹿部所产驯鹿。胜负载似牛，
> 堪乘骑似马。依媚于人，乃又过之，其饮食性则仍麋麌之群也。
> 造物神异，无所不有，命绘以图而系之诗。我闻方蓬海中央，仙
> 人来往骑白鹿。然疑未审今见之，驯良迥异麋麌族。际天巨浪浩
> 茫茫，浮黍几粒排岛麓。其民太古复太古，穴为居室鱼衣服。比
> 来入化职贡皮，副以驯麋厥角曲。招之即来麾之去，锦鞍可据箱

可服。怪底秦宫呼作马，不然函谷曾乘犊。项间疑挂七星符，雪毛皑皑两睛绿。讵如鲞鹤翦玉翎，还嗤逸麋饮霜簌。丹青昔漏右相图，牝牡今并飞龙牧。乾隆乙丑畅月望后一日御笔。[15]

　　宁古塔将军是清代黑龙江流域最早设立的军政长官，负责辖区的政治、军事、经济、边防等各项事宜。驯鹿是鹿科驯鹿属下的唯一一种动物，也是鹿科唯一被驯化的家畜。无论雌雄皆长有长长的鹿角，因此也叫角鹿。驯鹿分布在北半球环北极地区以及欧亚大陆和北美洲北部，在中国生长于黑龙江一带山林中。驯鹿耐寒而体型结实高大，成年驯鹿的身高和身长都有一米多。驯鹿是东北地区古老的使鹿部落日常使用且离不开的动物，如同其他地区的牛马一样，可以载东西，也可以当交通工具。驯鹿是非常温和并与人类亲近的动物，正如乾隆帝所言，东北地区古老部落"以使鹿为俗"，但驯鹿并不专门圈养，而是"用则呼之使前，用毕散走山泽"。清宫中进贡来的驯鹿主要是鄂伦春族奇棱部所产。[16] 鄂伦春族和鄂温克族、达斡尔族的总称是索伦部，世代生活在黑龙江流域。鄂伦春是汉译的名字，本身就具有"养鹿的人"的意思。在清代东北地区形成的以女真为主的满族共同体和鄂伦春族等这些索伦部关系非常密切，索伦部会通过朝贡接触满族，大多数部族精英也会效忠满族统治者。[17] 乾隆帝在诗中还提到"仙人来往骑白鹿"。白色毛发的动物向来是汉文化中的祥瑞。除了这只白色驯鹿被进贡并被画下，还有一只同为鹿科的白狍，是在乾隆帝1751年秋狝塞上时由蒙古台吉必力滚达赖所进献，[18] 同样也被郎世宁画下，名《瑞狍图》轴。（图5.17）据画上乾隆帝御题和画中形象可知，此鹿"色纯白如雪"。因为"《抱朴子》称'鹿寿千岁，满五百岁则色白'"[19]，所以此白鹿形象为长寿祥瑞的象征，与画面中的几株灵芝一起，为皇太后六旬

15 该内容也被收录进《乾隆御制诗文全集》。爱新觉罗·弘历：《乾隆御制诗文全集》（一），中国人民大学出版社，2013，第774—775页。
16 "驯鹿，东海鄂罗春奇棱部所产，牝亦有角，与常鹿稍异。"见《皇朝通志》，转引自胡敬：《国朝院画录》（卷上），载《胡氏书画考三种》，浙江人民美术出版社，2015，第151页。
17 参见黄彦震：《清代中期索伦部与满族关系研究》，博士学位论文，中央民族大学，2013。
18 见画上御题。
19 见画上御题。

图 5.17　郎世宁　《瑞狍图》轴
　　　　绢本设色　纵 216.2 厘米　横 144.6 厘米　台北故宫博物院

祝寿。

　　宁古塔将军送来的"特产"深受乾隆帝的喜爱，不仅放养到京西的香山上，也放养到热河避暑山庄和木兰围场等中。不仅多次在诗中吟咏，也多次在图像中表现这些来自东北满洲发源地的驯鹿形象。康熙帝营建的避暑山庄曾被定名有三十六景，乾隆皇帝新增加了三十六景，共构成了七十二景。在乾隆帝新加的三十六景中有一景也名为"驯鹿坡"。乾隆朝宫廷词臣画家钱维城（1720—1772）在画《弘历避暑山庄后三十六景诗意》册中有一开是表现"驯鹿坡"的，坡岸上有十二只或走或卧的鹿形象。（图5.18）画面左上角的空白处题有乾隆十九年（1754）写的静宜园驯鹿坡的诗句。在《钦定热河志》中关于"驯鹿坡"一景的版画中，也有多只驯鹿在山坡上漫步的场景，且画面左上方有栅栏的鹿苑和表现静宜园驯鹿坡的画作中的鹿苑形象非常一致。（图5.19）

图5.18　钱维城　《弘历避暑山庄后三十六景诗意》册之"驯鹿坡"
纸本设色　纵28.5厘米　横31.4厘米　故宫博物院

图 5.19 　《钦定热河志》之 "驯鹿坡" 版画

　　和郎世宁同为传教士并身兼乾隆朝宫廷画家的法国人贺清泰（1735—
1814）曾在乾隆五十五年（1790）绘制过一幅《贲鹿图》轴（图 5.20、
图 5.21）。此图经《石渠宝笈续编》著录。《贲鹿图》轴中的形象也是
典型的驯鹿形象。和四十五年前郎世宁笔下的驯鹿形象相比，同样是白色
的身体与修长的四肢，同样是短小的尾巴与高大的鹿角。但贺清泰笔下的
驯鹿瘦弱一些，画幅尺寸也小了一些，且给驯鹿添加了山林的背景。仅有
山石和泉水的背景外加典型的红叶形象无法让观者判断此地是西山还是塞
外，抑或是东北满洲之地。或者说，驯鹿在满洲之地、塞外以及北京西山
的生存环境本身就有着高度的一致性。

　　在香山静宜园平面图中可以较为清楚地看到 "绚秋林" 和 "驯鹿坡"
这二景都位于静宜园中偏南侧的半山腰的位置。这两处具有塞外和满洲元
素的景观都充分利用了香山的山势。如此，地形地貌与自然环境本身的相
似性让京城西山与更北的塞外热河，以及又向东北地区延伸的满洲发源之
地连成一体；也让香山这样一处位于京西的自然山水得以容纳下更广大的

图 5.20 贺清泰 《贡鹿图》轴 纸本设色 纵 195.5 厘米 横 93 厘米
故宫博物院

图 5.21　贺清泰　《贡鹿图》轴局部

图 5.22　弘旿　《都畿水利图》卷之碉楼形象　纸本设色　全卷纵 32.9 厘米　横 1018.3 厘米　中国国家博物馆

北方疆土意识和满族自身的民族复杂性。对于乾隆皇帝来说，驻足在香山静宜园中的"驯鹿坡"前，乾隆帝自比拥有白鹿的仙人，也自比具有最高帝王德行的文王，同时还拥有比至高园林景致辋川更好的鹿苑风景。同时，乾隆帝还通过此处的景致，观望到了祖先世代生存的满洲发源之地。

第三节　训练与纪念——对金川碉楼的仿建

西山图像中的仿建形象除了江南元素和塞外满洲元素这两种之外，还有一种较为特别的是对金川碉楼的模仿。

在弘旿《都畿水利图》卷卷尾处，位于香山静宜园围墙外的半山腰和山脚下，矗立着四座碉楼形象。（图 5.22）相似的碉楼形象也出现在弘旿《红旗三捷图》卷的卷首位置。（图 5.23）《红旗三捷图》卷表现的是以阿桂为首的大军攻克金川勒乌围、噶喇依红旗报捷之景，弘旿高兴得"不能自已"，遂画下此图，卷首的碉楼正是位于金川的碉楼形象，与《都畿水利图》卷中位于帝京西山的碉楼如出一辙。

徐扬曾在 1777 年绘成的十六开《平定两金川得胜图》册（图 5.24）

图 5.23　弘旿《红旗三捷图》卷局部　纸本设色　全卷纵 33.5 厘米　横 507 厘米　台北故宫博物院

事之将雖上峻山事
之将易下順水旬
日令宫小金川幅
負五百有餘里回
思六月债事時猶
獮賊兵迅美此一朝
失亦一朝游
天道好還原定理
整兵直進討倓渥
雪嶺陰滑仍如彼
擬欲持以久困之
復憲師老敦秀麻
賈勇及鋒而用壯一
月三搗心窅念我非
黷武願佳兵捷伐
由末不得已
将军阿桂小金川
宫寧收浚小金川
令儻诗以誌事

图 5.24　徐扬《平定两金川得胜图》册第一开　纸本设色　纵 55.5 厘米　横 91.1 厘米　故宫博物院

中也表现了金川地区大大小小的诸多的碉楼形象。之后艾启蒙（1708—1780）、贺清泰等起稿绘制的《平定两金川得胜图》册铜版画在构图和细节处理上既参照徐扬又有所不同，[20] 但仍以大规模的碉楼形象为主体。（图5.25、图5.26）据载："《金川战图》，铜板一份十六块，压过二百二十份，各处陈设一百三十八份，赏用八十八份……"[21] 由于铜版画的可复制性，金川战图得以在更多的地方陈设，并通过赏用的方式获得更广泛的传播。两套《平定两金川得胜图》中的碉楼形象或高或矮，和弘旿笔下的两套碉楼形象是一致的。弘旿在《都畿水利图》卷中表现的西山碉楼正是来自对金川碉楼的仿建。

金川位于四川盆地和青藏高原的交接地带，清有大、小金川之别，以水（大、小金川河）得名。金川一地的土司势力越发强大，日益脱离清朝廷的管辖。乾隆朝曾两次试图平定金川。第一次在1747—1749年，由于金川地区地势险峻，又因特有的石碉楼难以攻打，朝廷付出了人力与财力的惨重代价，但终作为乾隆皇帝"十全武功"的首功而得以获胜，算是"初定金川"[22]。第二次平定金川的时间为1771—1776年，经过五年时间，耗费了更大的财力物力终获成功。"十功者……扫金川为二……"[23] 在乾隆皇帝一生非常得意的"十全武功"中，平定金川占据了其中的两个武功。乾隆十四年（1749），乾隆皇帝在西山之下建立了实胜寺，用以纪念"初定金川"，并于同年写下《实胜寺碑记》，其中表达了平定金川艰难的原因和当地的碉楼有关，并想到要在西山仿建金川碉楼：

> 去岁夏，视师金川者久而弗告其功，且苦酋之恃其碉也，则创为以碉攻碉之说，将筑碉焉……开国之初，我旗人蹑云梯肉薄而登城者不可屈指数，以此攻碉，何碉弗克？今之人犹昔之人也，则命于西山之麓设为石碉也者，而简伙飞之士以习之。未逾

20　"着艾启蒙照徐扬《平定两金川得胜图》十六张起稿呈览。"中国第一历史档案馆、香港中文大学文物馆合编《清宫内务府造办处档案总汇》（40），人民出版社，2005，第265页。
21　翁连溪：《清代内府铜版画刊刻述略》，《故宫博物院院刊》2001年第4期。
22　于敏中主编《日下旧闻考》第六册，北京出版社，2018，第1693页。
23　爱新觉罗·弘历：《十全记》，载《乾隆御制诗文全集》（十），中国人民大学出版社，2013，第930页。

图 5.25　艾启蒙、贺清泰等绘《平定两金川得胜图》册第一开　纸本　铜版画　纵 55 厘米　横 88 厘米　故宫博物院

图 5.26　今日现存西山碉楼样貌

月，得精其技者二千人，更命大学士忠勇公傅恒为经略，统之以行……[24]

　　乾隆帝认为作为防御的金川碉楼是阻碍攻下金川的主要屏障，所以特意创造了"以碉攻碉"的办法。清初的满族士兵可以做到爬云梯登城，当朝的八旗士兵也同样可以做到登碉楼，若如此，还有什么碉楼不能被攻克呢？于是乾隆帝选择"依山为碉以肖刮耳勒歪之境"[25]。于 1748 年，乾隆帝命在和金川同样"地少山多"的北京西山上特意模仿金川境况建设碉楼，让士兵实战演习，以熟悉适应在金川难以攻克的碉楼。很快练成两千人，并由富察·傅恒（1722—1770）亲自带队前往征战并获胜。

　　在获胜的 1749 年，不仅建立了实胜寺，也建立了清朝的"特种部队"健锐营，其建立初始的首要任务就是"演习云梯兵"。[26] 在 1749 年平定金川战役结束后，随着数年后金川乞降的首领郎卡之死，大小金川再次"背恩肆逆""狼狈为奸"[27]，于是 1771 年乾隆帝决定第二次出征金川。在更大规模人力、财力的投入下，第二次平定金川的战役持续了五年之久，终于 1776 年清廷获胜。徐扬、艾启蒙、贺清泰于 1777 年受命绘制的两套《平定两金川得胜图》就是出于对第二次平定金川的纪念。为了攻打金川而特别在西山建立培养的"特种部队"——健锐营，以及健锐营训练的核心"道具"——西山碉楼，都在战争中起到了决定性的作用。"健锐营衙门在静宜园东南，围墙四角有碉楼四座……"[28] 健锐营就位于香山静宜园东南。《都畿水利图》卷卷尾出现在静宜园右下方（东南）围墙外的四座碉楼即是在表现健锐营的形象和位置。实际上西山仿建金川的碉楼还有更多，在静宜园左右就有"碉楼六十八所"[29]。具体来说在八旗军营的周边都有碉楼形象："镶黄旗在佟峪村西，碉楼九座；正白旗在公车府西，

24　于敏中主编《日下旧闻考》第六册，北京出版社，2018，第 1690 页。
25　于敏中主编《日下旧闻考》第六册，北京出版社，2018，第 1691 页。刮耳和勒歪为大金川主要碉卡据点地名。
26　《大清会典则例》卷一百二，载《景印文渊阁四库全书》第 623 册，台湾商务印书馆，1986，第 87 页。
27　于敏中主编《日下旧闻考》第六册，北京出版社，2018，第 1692 页。
28　于敏中主编《日下旧闻考》第四册，北京出版社，2018，第 1225 页。
29　同注 28。

碉楼九座；镶白旗在小府西，碉楼七座；正蓝旗在道公府西，碉楼七座。"[30]

　　弘旿笔下的四座碉楼虽然不是《都畿水利图》卷的表现主旨，但确是西山上的地标性建筑。在乾隆三十八年（1773），也即第二次金川战争期间，"弘旿、齐哩克齐着管理健锐营事务"[31]。弘旿负责管理健锐营，且《清实录》中还记载："着伊等轮班在本营住宿，既可亲身训练，亦且便于约束官兵，不致生事。"[32] 这表明弘旿曾住在被四座碉楼围绕的健锐营里，甚至亲身参与过健锐营的训练。娴熟的笔墨间，碉楼形象和西山一带的景致，都是弘旿再熟悉不过的。弘旿也借此碉楼形象，和徐扬、艾启蒙等人笔下的碉楼形象一起，歌颂并纪念了乾隆皇帝攻克金川、建设健锐营等一系列"武功"。西山碉楼既是士兵的训练场，也是乾隆皇帝乃至满人武功的纪念碑。碉楼在建造之初就与清初满人能登云梯登城的武功特长有关。在西山士兵们利用碉楼的训练意味着满人"云梯之习"的延续。"建寺于碉之侧"[33]。的实胜寺，其建造也是希望"已习之艺不可废，已奏之绩不可忘"[34] 面对敌军的强势，乾隆帝认为"终不如我满洲世仆，其心定，其气盛"。[35] 乾隆皇帝引以为豪的"满洲性"，也使得这些西山碉楼遗迹起到了让后人"不忘其初"的纪念意义。弘旿笔下的碉楼形象正充满纪念碑性，且表明了自己作为清宗室，也亲身参与了这项"武功"之中。

　　1776 年金川战争胜利后，在午门举行受俘仪式的场面在徐扬《平定两金川得胜图》册中有所表现。（图 5.27）乾隆皇帝端坐于午门之上，午门外金川民族装扮形象的七人跪地，代表着金川重要头目。（图 5.28）而版画中的"受俘"一开则以一位金川首领形象来代表。（图 5.29）值得一提的是，在受俘仪式后，刑部将大金川首领索诺木等十二人处死，再加上之前小金川首领僧格桑的骨殖一起，经过挑选，被造办处制作为重要法器，包括嘎巴拉碗、嘎巴拉鼓和胫骨号。这些人骨法器被分别陈列在养性

30　于敏中主编《日下旧闻考》第六册，北京出版社，2018，第 1677 页。
31　《高宗实录》（十二），收入《清实录》（第二十册），中华书局，1986，第 768 页。
32　同上。
33　爱新觉罗·弘历：《实胜寺碑记》，载于敏中主编《日下旧闻考》第六册，北京出版社，2018，第 1690 页。
34　同上。
35　爱新觉罗·弘历：《实胜寺后记》，载于敏中主编《日下旧闻考》第六册，北京出版社，2018，第 1691 页。

图 5.27　徐扬 《平定两金川得胜图》册之午门受俘仪式　纸本设色　纵 55.5 厘米　横 91.1 厘米　故宫博物院

图 5.28　徐扬《平定两金川得胜图》册之午门受俘仪式中的金川俘虏形象

图 5.29　印版《平定两金川得胜图》册之金川俘虏形象

殿西暖阁、中正殿梵宗楼、永安寺、热河等地。[36] 故宫博物院藏有一金盖嘎巴拉碗，根据碗内黄条可知，此为大金川重要头人之一阿木鲁绰沃斯甲的头骨。（图 5.30、图 5.31）这些人骨被制作成精致的法器，一方面具有宗教意义，一方面也成为乾隆皇帝金川战争胜利后的威慑与纪念。

关于乾隆朝金川"武功"的看法和研究已有很多，不少学者认为两次战役历时久、耗费大、损兵多，是乾隆皇帝好大喜功的一种表现。但乾隆皇帝似乎早已预料到会被后人这样评说。他曾写过："若谓予穷兵黩武，则予赖天恩，平伊犁，定回部，拓疆二万余里，岂其尚不知足，而欲灭蕞尔之金川，以为扬赫濯，纪勋烈之图哉？"[37] 通过乾隆帝大量的诗文和行动可以看到，乾隆帝出兵攻打金川，实则花费了巨大的心思，也经历了很多的心理变化。攻打金川并成立健锐营是有战略意义的。为了攻打金川而营造的健锐营精英部队后来成为八旗军队中的核心战斗精英，这不仅重振了清初的武力和士气，也成为日后平定安南、台湾、西藏、廓尔喀等地的

图 5.30　金盖嘎巴拉碗　长 19 厘米　宽 15 厘米　连座高 28 厘米　故宫博物院

图 5.31　碗内黄条上有大金川首领"头等阿木鲁绰沃斯甲"九字

36　王家鹏：《嘎布拉法器与乾隆皇帝的藏传佛教信仰》，载故宫博物院、国家清史编纂委员会编《故宫博物院八十华诞暨国际清史学术研讨会论文集》，紫禁城出版社，2006，第 625 页。
37　爱新觉罗·弘历：《平定两金川告成太学碑文》，载《乾隆御制诗文全集》（十），中国人民大学出版社，2013，第 759 页。

核心军事力量。《平定金川方略序》中总结："治藏必先治川，使四川各土司相安无事，则川藏大道才能畅通无阻。"[38]

关于金川问题在北京西山的反映，其实不仅是在西山上对金川碉楼本身的物质性的仿建，还有金川地区的俘虏直接向北京西山的"移植"。随着两次平定金川，陆续有金川人被送往京城。1776年西山健锐营中，被解送到京城的金川藏人，加上第一次金川战役中被送往西山修建碉楼的人，共二百余人，被统一归入旗籍，居住在香山附近。因旧称川西地区山民为"番子"，容纳金川俘虏的营被俗称为"番子营"。所谓的金川"番子"担负着实际的碉楼建设等工作，也承担了进宫演奏番子乐的任务。随着平定金川战争的胜利，乾隆朝也将活生生的金川文化移挪到了西山。如果说在西山仿建金川碉楼是一种乾隆皇帝惯用的"移天缩地"之法，那么对金川俘虏在西山健锐营中的安置，则也是一种乾隆帝特别的"移挪大法"。金川人在西山，和船营中的福建人，以及前锋营中的满人、蒙人一起，都对健锐营这样一个小的"社区"具有归属感。无论之前来自哪里或属于哪个族群，被编入健锐营当中，就都成为健锐营旗人，是八旗营中的一员。西山健锐营中的民族属性非常多元，就曾经作为俘虏的金川人来说，在乾隆帝的"移挪大法"下，随着时间的变化，他们在族源和文化等问题上被重塑，已经改换了金川的身份，融入北京西山这个新的自然、文化环境当中了。

北京西山本是一处秀丽的自然山川，但在历代兴建的基础上，乾隆朝新增加了大量的人文景观和设施。在乾隆朝宫廷绘制的西山图像中，有不少当朝的新景观被绘入，这些新的景观中又有不少是出自对其他地区景观的仿建。本章即从仿建的角度集中分析了西山图像中出现的写仿江南、塞外与东北以及金川地区这三处较为典型的仿建形象。其背后是乾隆帝对于汉族江南之地的向往，同时也有对祖先的追忆。金川碉楼形象的仿建则具有模拟战争的实际意义和最终胜利的纪念碑性。当然，在乾隆朝西山图像中的仿建形象中，笔者没有讨论到的还有仿自西藏建筑的昭庙形象等，它们一起渗透着乾隆帝对江南、战争、边疆、宗教、多民族等诸多问题的态

---

38 吴丰培：《平定金川方略序》，载方略馆纂《平定金川方略》，全国图书馆文献缩微复制中心，1992，第3页。

度和看法。可以说，在西山这处离紫禁城最近的自然山水中，通过仿建的方式，乾隆帝在身边容纳了天下。

西山作为一个点，体现了王权的大一统与此时期清帝国不同以往的兼容并包和多元性。西山作为一个点，也充分容纳下了乾隆帝心中的天下观。

第六章 西山之余：乾隆朝宫廷实景山水的复兴

经过前文对明清关于西山的同题材绘画比对，可以发现乾隆时期的西山图像一改明代低辨识度的文人理想山水样貌，实景特征逐渐清晰。这些反映西山形象的实景山水，往往都以全幅形式出现，呈现出一个整体区域的全部态势和景观。

从这些西山实景图和全景图出发，会发现乾隆时期的宫廷山水画制作中，还有大量的表现全国各地山川、景观的实景图和全景图，在乾隆朝可以说形成了一种实景山水的复兴。西山图像在这些实景山水浪潮下可以说是其中的一个个案。乾隆朝的这些实景山水画并非凭空出现，它有着自己的发展脉络和历史基础。乾隆朝的大量实景山水画很大程度反映着乾隆皇帝个人的审美趣味和政治观念。在图像的背后，它也和舆地图的传统、清宫对纪实的需求、乾隆皇帝对疆域江山的表达，以及乾隆朝的时代学风都有着密切的关联。

第一节 乾隆皇帝对实景图的热衷

乾隆皇帝这种对于实景山水的喜好和兴趣，在表现西山上仅仅为一个点的显现，实际上，在他的授命之下，乾隆朝宫廷绘制了更大量的实景山水画，构成一种乾隆朝实景山水画复兴的现象。

石守谦指出1700年前山水画与自然对立，到了18世纪初宫廷重新出现对实景之兴趣，并指出唐岱《绘事发微》中"以笔墨合天地"的理论与 18 世纪初期清宫所主导之文化发展有关。[1] 关于乾隆朝实景山水已有不少成熟的个案研究，但依然还有很大余地有待进一步拓展。

关于乾隆朝宫廷实景画的讨论，在此以《石渠宝笈》著录的范围为准。《石渠宝笈》中著录的乾隆朝宫廷绘制的实景山水画约有 190 件，其中乾隆皇帝绘制 22 件；宗室画家 10 件，包括允禧（1711—1758）、弘旿；词臣画家 118 件，包括李世倬、张鹏翀（1688—1745）、邹一桂（1688—1772）、董邦达、励宗万（1705—1759）、蒋溥（1708—1761）、张若霭、张若澄、钱维城、董诰（1740—1818）、关槐（1749—1806）；宫廷画家 40 件，包括唐岱、沈源、姚文瀚、张宗苍、方琮、王炳、徐扬、袁瑛。其中词臣画家所作最多，约占据当朝实景山水创作的 62%，其中又以钱维城和董邦达最多。宫廷画家中则以张宗苍和徐扬最多。[2]

实际上，乾隆朝绘制了更大量的实景山水画，有些今天存世，但不见《石渠宝笈》著录，如现藏故宫博物院的徐扬《京师生春诗意图》轴（图 6.1）展现了以紫禁城和中轴线为核心的京城胜景，却未经《石渠宝笈》著录。但《石渠宝笈》已经是最能体现乾隆朝宫廷实景山水绘制情况的资料来源，且最能体现乾隆朝官方记录的理念和意识。

《石渠宝笈初编》中收录的实景山水还不多，但乾隆皇帝个人已经开始创作。由此也可见他对当朝宫廷实景山水画绘制现象的带动性。乾隆皇帝一生的诗歌创作蔚为大观，其中有不少是纪游诗。乾隆朝宫廷绘制的有些实景山水画其实是乾隆帝纪游诗的配合性绘画，也可以说属于诗意图。但因为诗歌题材是关于纪游的，所以也算纪游图。

就绘制的胜景地点来说，许多是乾隆皇帝亲自抵达且熟悉的地方。近则有紫禁城内部的御花园，如乾隆帝御笔《御园即景》、董邦达《御花园古柏图》（图 6.2）。紫禁城外的皇家园林性质景观也有不少表现，如表现西苑内部的有乾隆帝御笔《瀛台诗意图》，董邦达《西苑千尺雪图》（图 6.3）、《西苑太液秋风中秋景》，张若霭《瀛台赐宴图》，沈源《御制冰嬉赋图》《瀛台冰嬉图》《瀛台景》，等等。表现西山中香山静宜园等

1　石守谦：《以笔墨合天地：对十八世纪中国山水画的一个新理解》，《美术史研究集刊》2009 年第 26 期。
2　参见"附录三"。

图 6.1　徐扬 《京师生春诗意图》轴　纸本设色　纵 256 厘米　横 233.5 厘米　故宫博物院

图 6.3　董邦达 《西苑千尺雪图》卷　纸本设色　故宫博物院

图 6.2　董邦达《御花园古柏图》轴　纸本设色　纵 194.2 厘米
横 111.5 厘米　台北故宫博物院

图 6.4　董诰《文园狮子林图》卷　纸本设色　纵 24 厘米　横 184 厘米　故宫博物院

三山五园的胜景，前文则有重点分析。另外，表现热河避暑山庄的有乾隆帝御笔《避暑山庄烟雨楼图并诗》《文园狮子林十六景》，董邦达《避暑山庄中秋景》，钱维城《热河千尺雪图》《高宗御制避暑山庄后三十六景诗意》，董诰《文园狮子林图》（图 6.4），张宗苍《避暑山庄三十六景图》《避暑山庄中秋景》，方琮《清高宗御制避暑山庄三十六景诗图》，王炳《避暑山庄中秋景》，等等。表现盘山静寄山庄的有乾隆帝御笔《盘山图》《盘山千尺雪图》《盘山别业图》，允禧《盘山十六景》，李世倬《静寄山庄十六景》，邹一桂《太古云岚图》《盘山图》，董邦达《田盘胜概》《盘山十六景》，张宗苍《盘山别墅图》（图 6.5），等等。

这些绘制实景地点遍布清

图 6.5　张宗苍《盘山别墅图》轴　纸本设色　纵 98.2 厘米　横 44.1 厘米　故宫博物院

朝疆域东西南北各处，其中多是对乾隆皇帝巡游活动、驻跸环境和各地江山胜景的记录，其中以南巡路线周边地方景观最多，又以表现苏杭地区的为最多。例如杭州最具标志性的景观西湖被频频绘制，其中又以董邦达为最，作品有《西湖四十景》，多套《西湖十景》等，乾隆帝有多套御笔《西湖图》，另张若澄有《书高宗御制西湖十八景诗并绘图》，钱维城有《御制西湖十景诗意》《高宗御制龙井八咏诗意图》《高宗御制西湖雨泛五首诗意并书御制诗》《高宗御制西湖晴泛五首诗意并书御制诗》，等等。表现苏州胜景的也颇为可观，如乾隆帝御笔《寒山别墅图》，董邦达《御制法螺寺诗意》《灵岩积翠图》，钱维城《吴山十六景》，张宗苍《姑苏十六景》，徐扬《盛世滋生图》等。除了六次南巡之外，乾隆皇帝也曾六次西巡五台山，作为佛教朝觐之旅。巡游中，一些词臣会扈从同行，也有机会及时画下沿途景致，例如张若霭、张若澄兄弟分别于乾隆丙寅（1746）秋和庚午（1750）春绘制过表现五台山镇海寺的《镇海寺雪景》。董邦达和张若澄都画过西巡五台山沿途经过的位于河北的葛洪山，《石渠宝笈》中记载张若澄绘有《葛洪山图》，董邦达绘有《葛洪山图》《葛洪山八景》。张若澄《莲池书院图》表现的主体莲池书院位于河北保定，也是 1750 年西巡途经的一站景观。乾隆皇帝不仅南巡时会途经山东，也曾特意巡幸山东。有不少实景绘画是对巡幸山东重要景观或沿途景观的表现。例如弘旿《岱岩标胜》和《齐甸探奇》两套册页各八开，都是表现山东相关胜景的。《岱岩标胜》表现了泰山"日观峰""丈人峰"等八处重要景观，《齐甸探奇》则表现了孔林、泉林等重要景观。乾隆皇帝东巡是效仿康熙皇帝重回故土盛京谒陵，在蒋溥《东巡揽胜图》册中对沿途地标性景致有所表现。十六开册页分别展现了山海关澄海楼、大宁塔、医巫闾山、长白山、吉林、盛京等关外和故土的重要胜景地标，这也是乾隆朝以前鲜有被表现的地域，充分体现了清朝特色。这些东北地区也有专门被描绘的，例如张若澄《兴安岭图》（图 6.6），董邦达《兴安大岭图》，以及励宗万《高宗御制千山诗意图》《高宗御制医巫闾山诗意图》，都是对满洲发源地故土胜景的表现。此外，一些乾隆皇帝并未亲身抵达的地域也有被描绘。例如徐扬《西域舆图》表现了嘉峪关等西域山川之景；另外董邦达《西江胜迹图》册表现了乾隆皇帝并未到过的江西诸胜景，为董邦达典试江西时奉命所作。总

图 6.6　张若澄 《兴安岭图》轴　纸本设色　纵 176.3 厘米　横 91 厘米　故宫博物院

休来说，乾隆朝宫廷绘制的实景山水之地点遍布清朝疆域东西南北各处，也体现了乾隆朝疆土之广阔。

　　和董邦达《静宜园二十八景图》轴既表现全景又用小字在每个景致形象旁边标注名称的形式一样，乾隆朝宫廷实景山水中也有不少是全景式的构图。例如在存世的画作中，董邦达绘制的《西湖十景》《盘山十六景》《居庸叠翠图》，张若澄《葛洪山图》等都是全景式的，且具体的景观名称在旁边有小字标注。另外，存世的这些全景式画卷中，关槐《西湖图》、张宗苍《西湖图》、姚文瀚和袁瑛合笔《盘山图》、钱维城《栖霞山全图》、张宗苍《灵岩山图》、李世倬《皋涂精舍图》（图6.7）、邹一桂《太古云岚图》（图6.8）等虽然没有文字标注具体的景观名称，但是画面仍然以全景式展开。而《石渠宝笈三编》中还有张若澄《南岳全图》等全景图的著录信息。

　　在这些全景图中，西湖图数量庞大，也最为典型，以下将以西湖图为例，来展现乾隆宫廷中这些具有舆图性质的山水全图面貌，也由此可知董邦达《静宜园二十八景图》轴和前文提到的几幅表现西山的全景图都是乾隆宫廷全景山水绘制浪潮中的一个显现。前文已提及，在《石渠宝笈》所记载的乾隆朝宫廷绘制实景山水的画家中以词臣画家数量最多，在词臣画家中又以董邦达所绘最多，而董邦达绘制最多的实景山水又是"西湖图"。

　　董邦达为乾隆皇帝非常重视的一位词臣画家。"论者谓三董相承，为画家正轨，目源、其昌与邦达也。"[3]董邦达在当时被评为"三董"之一，上承所谓文人画正脉中的董源和董其昌。同时，作为浙江富阳人又在西湖生活过一段时间，董邦达绘制有大量西湖图，应是历史上绘制西湖图最多的一位画家。有研究统计，董邦达一生所绘西湖图应该不下百幅。[4]董邦达《西湖十景图》卷（图6.9），如果从实景的角度来说，基本是以西湖东岸为观看视角的，并对西湖景致进行了一个强烈的视觉"压缩"，以符合长卷一步一换景的构图方式。景物基本从西湖北岸的昭庆寺、保俶塔一带画起，以西湖水面为核心，并以西湖西岸为远景，沿途重要景观一一列

3　赵尔巽等撰：《董邦达传》，载《清史稿》第三十五册，中华书局，1977，第10518页。
4　邱雯：《董邦达与〈西湖十景图〉》，《新美术》2015年第5期。

图 6.7　李世倬　《皋涂精舍图》轴
纸本设色　纵 84 厘米
横 48.5 厘米　故宫博物院

图 6.9　董邦达《西湖十景图》卷　纸本设色　纵 41.7 厘米　横 361.8 厘米　台北故宫博物院

图 6.8　邹一桂 《太古云岚图》轴
纸本淡设色　纵 188 厘米
横 78 厘米　台北故宫博物院

入，进而转入雷峰塔、玉皇山、万松岭一带的西湖南岸并以此结束。沿途
共有53处景观被绘入，且景观旁边都有小字将景观名称一一标注出来。
此卷首上方的空白处乾隆帝御题行书长诗：

> 昔传西湖比西子，但闻其名知其美。夷光千古以上人，岂有
> 真容遗后世。未见颜色贵耳食，浪以湖山相比拟。湖山有知应不受，
> 鬌翁何以答吾语。吁嗟吾因感世道，臧否雌黄率如此。岂如即景
> 写西湖，图绘真形匪近似。岁维二月巡燕晋，留京结撰亲承旨。
> 归来长卷已构成，俨置余杭在棐几。十景东西斗奇列，两峰南北
> 争雄峙。晴光雨色无不宜，推敲好句难穷是。淀池水富惜无山，
> 田盘山好诎于水。喜其便近每命游，具美明湖辄逗企。北门学士
> 家临安，少长六一烟霞里。既得其秀忘其荃，呼吸湖山传神髓。
> 此图岂独五合妙，绝妙真教拔萃矣。明年春月驻翠华，亲印证之
> 究所以。

　　此诗于庚午年（1750）题写，也即乾隆皇帝第一次南巡的前一年。
根据诗的内容可以知道，乾隆皇帝久闻西湖之美，对西湖充满了向往之情，
趁此年二月巡燕晋，命曾经在西湖居住过的浙江人董邦达专门绘制西湖图，
巡燕晋归来时此长卷已成。乾隆皇帝感慨此卷出类拔萃，传递出了杭州湖
山的精髓，看到此图仿佛西湖美景的样貌已经呈现在了眼前。全诗的最后
一句交代了"明年"（1751）春南巡的时候，将亲自印证此图和西湖景的
关系。乾隆朝宫廷西湖图的绘制与乾隆皇帝的南巡亲临西湖有着密切的关
系。已有研究做过统计，乾隆年间宫廷绘制的西湖图多绘制于乾隆第一次
南巡的乾隆十六年（1751）前后。[5] 乾隆皇帝在董邦达长卷上方的诗歌中，
还强调了此图的实景特征和全景特征："岂如即景写西湖，图绘真形匪
近似。""真形"通常是道教中使用的概念，往往指山岳真形图，其中以
五岳真形图为最早和影响力最大。道教山岳真形图虽然作为道教神秘的灵
图，但其来自原始的山岳地形图。从功能上来讲，作为一种符箓的真形图，

5　苏庭筠：《乾隆宫廷制作之西湖图》，硕士学位论文，台湾"中央大学"艺术学研究所，2008。

首先是作为道士入山实际需要的一种地图而存在，而且各种真形图的样貌基本是鸟瞰俯视的角度。乾隆皇帝在董邦达西湖图长卷上的诗文使用"真形"一词，也正是在强调其半鸟瞰的、全景式的图像表达方式。

　　董邦达《西湖十景图》卷应明确受到了康熙朝王原祁《西湖十景图》卷的影响。乾隆皇帝亲命董邦达绘制的《西湖十景图》卷和之前鉴藏的王原祁《西湖十景图》卷一起，都构成乾隆皇帝于乾隆十六年第一次南巡目睹西湖景致之前的视觉基础。此外，乾隆朝关槐《西湖图》轴（图 6.10）、张宗苍《西湖图》轴（图 6.11）都是对这种全景式西湖图的继承和延续。作为帝王的乾隆皇帝需要全面了解和掌控西湖，这构成他们欣赏西湖景观

图 6.10　关槐《西湖图》轴　绢本设色　纵 168.1 厘米，横 168.1 厘米　台北故宫博物院

图 6.11　张宗苍《西湖图》轴　纸本设色　纵 77.6 厘米　横 96.3 厘米　台北故宫博物院

细节和画卷中那些精到笔墨的基础。欣赏董邦达笔下的传承自"四王"正统派的笔墨艺术之余，对西湖全局鸟瞰般"一目了然"的视角和把控显然更为重要。董邦达的西湖十景图长卷构成乾隆皇帝亲抵西湖之前的视觉基础，这样的既有全貌又不失细节的西湖图，开启了乾隆皇帝对于西湖的无尽向往。董邦达《西湖十景图》卷和乾隆朝更多的西湖图一起，承载了大量乾隆皇帝对于西湖的想象、欣赏、坐拥、回忆……

　　实景特征清晰的全景图在乾隆朝宫廷绘画中集中出现，数量庞大。董邦达绘制的《静宜园二十八景图》轴和其《西湖十景图》卷一样，每个细节景观都被标注上小字并一览无余地纳入鸟瞰式的全景图中来。董邦达不光绘制了《静宜园二十八景图》轴，还绘制了西湖、居庸关、盘山等全景图。董邦达作为绘制西湖图的"专家"，他对之前李嵩（1166—1243）《西湖图》卷（图 6.12）、王原祁《西湖十景图》卷全景式构图的掌握，也许

图 6.12　李嵩　《西湖图》卷　纸本水墨　纵 27 厘米　横 80.7 厘米　上海博物馆

正促使了乾隆皇帝授命他多次绘制包括北京西山在内的各地的全景图。

　　表现北京西山的实景、全景图并非孤例，它们和董邦达《西湖十景图》卷等一起，共同构成乾隆朝宫廷实景图、全景图绘制的一个复兴和浪潮。讨论乾隆朝仿画的已有一定的研究。但从《石渠宝笈》目录来看，实景山水这种创作性的绘画是排在"临""仿"他人作品之前的，可见地位更高。这些实景、全景图有不少共性，构成了乾隆朝山水画创作中的一个典型样貌。由于这些画作多受命自乾隆帝个人，所以也都充分反映了乾隆帝的审美趣味。

第二节　实景图的传统

　　乾隆朝宫廷大量出现的实景山水，并不是凭空出现的，其有着自身的发展脉络和历史传统。实景山水画至迟在六朝时期就已经出现了，文献中有东晋顾恺之（约 346—407）《庐山图》，并记载其写有《画云台山记》。戴逵（？—396）画过《吴中溪山邑居图》，戴勃画有《九州名山图》等。宗炳（375—443）"凡所游历皆图于壁，坐卧向之"，将自己所游历过的山川形貌都画到墙上，自己在其中"卧游"，并写出了著名的《画山水序》，其中"以形写形，以色貌色"的观点，也是对实景山水客观"再现"的强调。[6] 至唐代，王维作《辋川图》描绘自己位于陕西蓝田的别墅；文献记载杜甫（712—770）作《奉观严郑公厅事岷山沱江画图十韵》和《严公厅宴同咏蜀道画图》，提及的画作应均表现了四川实地的山水景致，这或许也与吴道子（？—792）作《蜀道山水》的绘画传统有关。[7] 另敦煌壁画中有数幅表现佛教胜山五台山的壁画，其中第 61 窟中五代时期《五台山图》最具代表性……至宋代，传巨然《长江万里图》卷以鸟瞰的视角表现了长江的恢宏气势，体现了实景特征清晰的宋代长江图面貌。北宋宋迪《潇湘八景图》可能受到了楚地山水的启发，虽不能算作严格意义上的实景山水，但这种八景图的模式却影响了日后各地八景文化和八景图的绘制，如清乾隆朝张若澄《燕山八景图》册。南宋由于朝廷南迁至杭州，存世南宋的山水画作品大多和杭州本地的湖光山色有关，如赵伯骕（1124—1182）《万松金阙图》卷、李嵩《月夜观潮图》册、李嵩《西湖图》卷、马麟《秉烛夜游图》册等。马远《水图》卷则描绘出黄河、长江、洞庭湖等不同水域中水的特质，也算对实景之水的捕捉……随着文人画的崛起，元代的实景山水画也多出自文人士夫笔下。赵孟頫（1254—1322）《鹊华秋色图》卷表现了山东济南郊区的两座名山，赵孟頫《洞庭东山图》轴表现了太湖的胜景。"元四家"之一的王蒙（1308—1385）《太白山图》卷展现了浙江宁波太白山天童寺一带的景色，《具区林屋图》轴则表现了位于太湖洞庭西山的林屋洞一带的理想隐居之景。方从义《武夷放棹图》轴以写意的笔法表现了道教第十六洞天的福建武夷山……明初，王履（1332—？）画下 40 开《华山图》册，描绘了自己探险般攀爬华山的可贵经历与华山奇景。明代中晚期的吴门画家们喜爱描绘苏州以及苏州附近的地方胜景，有大量相关作品存世，可以说明代吴门胜景图、纪游图构成历史上实景山水的一个高潮。此外吴门的职业画家也喜爱绘制实景山水，最具代表性的画家当为张宏（1577—？），其所作《栖霞山图》轴、《句曲松风图》轴、《石屑山图》轴、《止园图》册等都是对江浙一带名山名

6　张彦远：《历代名画记》，载于安澜编著《画史丛书》（一），河南大学出版社，2015，第108页。
7　石守谦：《山鸣谷应：中国山水画和观众的历史》，上海书画出版社，2019，第20页。

园的描绘……[8]

就像董邦达《西湖十景图》卷很难不受到之前王原祁《西湖十景图》卷的影响一样，乾隆朝宫廷大量的实景山水复兴，除了和乾隆皇帝的个人意志有关，其最近的源头，即康熙时期的实景、全景图。虽然康熙时期留下的全景图不多，但像王原祁《西湖十景图》卷、冷枚（约1669—1742）《避暑山庄图》轴（图6.13）、《南巡图》卷等具有鸟瞰式全景的构图方式，都无疑构成乾隆朝实景山水面貌的基础。在清代宫廷，"四王"的笔墨传统虽占主流，但也并非一味仿古。康熙和乾隆两代帝王非常喜好实景山水的绘制，"四王"之一的王原祁以及"自王原祁后推为大家"的董邦达等也都在其擅长的书斋笔墨之外，非常擅长绘制实景山水作品。

第三节 图像的背后

乾隆朝的大量实景山水画很大程度反映着乾隆皇帝个人的审美趣味和政治观念。但这些图像的背后还有着更深层的关联和原因。

一、和舆地图的关联

中国历代实景山水，往往既具有绘画性，也具有客观地理再现的舆图性质。甚至在地图学研究学者眼中，传巨然《长江万里图》卷并非绘画，而是地图。同样，绘画史中著名的王维《辋川图》，虽然只有历代的摹本存世，但一向作为绘画史中的经典存在，但《辋川图》和地图密不可分。德裔美国汉学家劳弗尔（Berthold Laufer，1874—1934）认为王维的目的"不是表示任何山水景观，而是要表示王维珍爱和长期观察得出的辋川地形"。[9] 劳弗尔根据王维的画认为唐代山水画大师的作品"从当时高度

8　高居翰曾不止一次地讨论过张宏的实景山水。例如 [美] 高居翰：《气势撼人：十七世纪中国绘画中的自然与风格》，生活·读书·新知三联书店，2009，第1—49页。

9　Berthold Laufer，"The Wang Chuan Tu, a landscape of Wang Wei," *Ostasiatische Zeitschrift*，vlo.1，no.1(1912)：28–55，esp.53–54. 转引自 [美] 余定国：《中国地图学史》，北京大学出版社，2006，第177页。

图 6.13　冷枚《避暑山庄图》轴　绢本设色　纵 254.8 厘米　横 172 厘米　故宫博物院

发展的地图学中得到了
很强烈的动力"。[10] 这
些在中国画史上存在的
具有清晰实景特征的绘
画和舆地图就一直有着
千丝万缕的关联。

　　在 18 世纪的一套
《江西省地图集》中有
一幅府地图（图 6.14），
此图既具有舆图的功
能，又具有一定的绘画
性。首先，作为地图，
此图描绘了府城和府城
之间的关系以及周围的
水道与远山，重要的建
筑和山峰都用文字标注
了出来。其次，此图使

图 6.14　18 世纪《江西省地图集》府地图部分
　　　　纵 35 厘米　横 27 厘米　英国国家图书馆

用了大青绿山水的传统绘画语言，所有水道全部施以石绿色，而有山石的
地方，山脚下均染为赭色，向上渐染石绿，峰顶涂抹浓重的石青色。山峦
之间的天空处还飘荡着极富装饰性的祥云。有研究将中国传统制图大致分
成两类，一类是"形象画法地图"，一类是"计里画方地图"。[11] 如按此来看，
这幅使用了形象的青绿山水语言的府地图就属于明清时期大量发展的"形
象画法地图"。16 世纪末欧洲地图学首次传入中国，并在清朝的康乾时
代大放光彩，康熙帝和乾隆帝都曾命传教士进行过全国测绘，并分别有成
果《皇舆全览图》和《乾隆内府舆图》（也称《乾隆十三排地图》）问世。
但《江西省地图集》中的地方府地舆图并没有受到西方地图学的影响，而
完全是对中国具有很强绘画性的彩色舆图传统的延续和继承。此图充分彰

10　同注 9。
11　殷春敏：《中国传统地图画法的魅力》，《地图》2004 年第 6 期。

显了舆图和绘画之间的关联性。

　　关于舆图和绘画之间的关联性，有学者从材质上首先总结了二者之间的一致：二者都使用绢、纸、木板、石板等共同的材料；其次，绘画和地图学之间的关联也存在于理论层面，例如谢赫（479—502）对绘画提出的著名六法中，"应物象形"和"经营位置"这二法与裴秀（224—271）制图理论中的"形似和分计"相符合。[12] 谢赫提出的六法顺序为：气韵生动、骨法用笔、应物象形、随类赋彩、经营位置、传移模写。乾隆时期的词臣画家邹一桂在其绘画理论著作《小山画谱》中把原本处在第五位的"经营位置"挪到了首位。这六法中最具整体性、布局性的一法被邹一桂放置于首位，应与当时重视实景画、全景画的现象密切相关。

　　关于地图和绘画的关联，在古人的视觉经验和概念里也总是一起出现的。早在唐代张彦远（815—907）《历代名画记》中，作为"古之秘画珍图"就记录过张衡（78—139）所绘的《地形图》和裴秀所绘的《地形方丈图》，以及《五岳真形图》《河图括地象图》等。[13] 它们作为"图"和《皇帝升龙图》等"画"一起被记录下来，可见"图""画"在张彦远的概念里本身就在区分舆图与绘画，但同时又放在一起来记录。在方志版画中，二者的关联似乎更为紧密了。中国大量的地方志尤其明代方志中，版画胜景图非常之多。作为方志中的插图，其首先具有准确的地理实用功能，其次也和山水画无论在构图还是笔法上都难分难舍。所以胜景版画图究竟是舆图还是山水画，其并非绝对的二元对立。

　　历史上反映山川大形势的实景、全景图像，无论是否具有绘画性，往往都和政治功能有关。王嘉（？—390)《拾遗记》中有这样一段记载：

> 孙权尝叹魏、蜀未夷，军旅之隙，思得善画者，使图山川地势军阵之像。达乃进其妹。权使写方岳之势。夫人曰："丹青之色，甚易歇灭，不可久宝；妾能刺绣，作列国于方帛之上，写以五岳

12　[美]余定国：《中国地图学史》，北京大学出版社，2006，第162页。
13　张彦远：《历代名画记》，孟庆祥、商微妹译，载于安澜编著《画史丛书》（一），河南大学出版社，2015，第75—77页。

河海城邑形阵之形。"既成，乃进于吴主，时人谓之"针绝"。[14]

文献记录了孙权（182—252）想要扫荡魏蜀一统天下，却愁于不了解其山川地势。丞相赵达的妹妹也即孙权的赵夫人善于描绘山川河海之势，且认为书画不能长久保存，便使用了刺绣的形式，把魏蜀列国、山川、城镇等形阵态势全部刺在了一块方帛上呈进给了孙权。这种强调山川地势的广阔全景图，和对一个地域的掌控有着紧密的关系。余辉曾讨论过这种反映山形地貌的实景图有作为军事"谍画"的功能，并认为谍画的描绘对象之一就是敌国的山形地貌。[15] 其从"谍画"的角度肯定了作为帝王对这种全景式实景山水的需求。帝王对地理空间的全局掌控诉求，从三国时代的孙权，到南宋帝王，再到清代喜好全景图的康熙、乾隆皇帝，可谓一脉相承。

在欧洲地图学的研究中，法国学者保罗·克拉瓦尔（Paul Claval）认为地图是一种艺术，是美丽的，而且可以充当装饰品之用。[16] 并例举荷兰画家维米尔（Vermeer）关于荷兰西部城市台夫特（Delft）的画作："画中墙上的地图并不一定为其屋主之贸易需要而挂在那里；地图展示着拥有者希望去生活的环境。"[17] 保罗还指出，在欧洲中世纪，地图大部分为国王或教会所拥有，而且当时的地图被定做并不是因为实用性，而是可以让拥有者展现其声望，提供人们欣赏其领地的辽阔。[18] 其实无论在欧洲还是中国，地图之于权力者，都是一种理想环境的彰显，也是一种声望的体现。乾隆时期的那些表现西山或其他地区的大量实景山水，也都涉及帝王权力与对全景尽收眼底的掌控感，以及对一个地域理想化的表达，和其背后体现的声望与满足感。

在欧洲，地图归属于最有权力的国王或教会，在中国的历朝历代，舆图也是作为权力的一种象征。乾隆时期特别重视全国范围内的舆地测绘和舆图管理。乾隆时期版图增加了准噶尔、回疆等地，西域的舆图测量工作也没有间断，终在康熙《皇舆全览图》的基础上增加了新测绘西域、西藏

14　王嘉：《拾遗记译注》，黑龙江人民出版社，1989，第218页。
15　余辉：《南宋宫廷绘画中的"谍画"之谜》，《故宫博物院院刊》2004年第3期。
16　[法]保罗·克拉瓦尔：《地理学思想史》，郑胜华等译，北京大学出版社，2007，第234页。
17　同上。
18　同上。

等地区的舆图，最终绘制出的《乾隆内府舆图》，比《皇舆全览图》增大了一倍以上，是中国历来最完整的实测地图。关于乾隆朝的测绘和实地考察工作，还有乾隆四十七年（1782）派乾清门侍卫阿弥达等人前往青海进行的黄河源考察，并绘制了《黄河源图》，终由四库馆编纂出《河源纪略》一书。可谓当时注重地理、注重实地考察之风气的体现。在这样的测绘、实地考察的氛围下，乾隆时期制作了不少舆地图，例如乾隆六年（1741）云南巡抚上呈的《金沙江上下两游山水全图》、乾隆十五年（1750）《乾隆京城全图》以及乾隆三十六年（1771）蒋友仁（1715—1774）绘制的《坤舆全图》等图，都是全景式舆图。这些也和乾隆帝在绘画中表现出的全景图兴趣密不可分。

面对乾隆宫廷舆图数量的增加，管理是非常重要的，管理方式和机构——舆图房——的设置也能体现出乾隆皇帝对于舆图的态度。乾隆二十五年（1760），乾隆帝下旨将所有舆图一改以往康雍时期按进库顺序登记的方式，重新归类和编定次序。这一年舆图房中清点出的舆图共有1249件之多。其中958件在原档案中记载，291件为原档案中没有重新整理的。[19] 此次圣旨之下的整理工作进行了一年，最终以《萝图荟萃》一册记载了舆图房此次的编目整理工作，共将宫内舆图分成十三类：天文、舆地、江海、河道、武功、巡幸、名胜、瑞应、效贡、盐务、寺庙、山陵、风水。分类之后内府又新收入的重要舆图在乾隆六十年（1795）被编入《萝图荟萃续》。在续中类目浓缩为九类：舆地、江海、河道、武功、巡幸、名胜、效贡、寺庙、山陵。其中名胜图和寺庙图中，根据《寿岳全图》《嵩山图》《曲阜圣庙图》等名称判断，这些舆图应具有一定的绘画性，当与实景山水画具有密切的联系。

就乾隆帝的态度来说，和《石渠宝笈》对书画的品鉴编目并分等级一样，乾隆帝对舆图也进行了等级的划分。例如《贵州苗子图》的黄条签注写着："二十六年十月十七日呈览，着归入上等。"[20] 就清宫中绘画与舆图背后的管理机构来说，也具有很多制度上的相似性。有学者已经就制

19　刘若芳：《清宫舆图房的设立及其管理》，载中国第一历史档案馆编《明清档案与历史研究论文集》，中国友谊出版公司，2000，第1288—1292页。

20　同上。

度问题做过研究，指出清宫中专门负责管理和制作图画的"画作"，以及
负责管理和制作舆地图的"舆图处"，作为两个平级的机构，它们有着一
个共同的上级单位：内务府造办处。两个部门在绘图制作的程序上也都非
常相似，在共同的制度下受到上级官员和帝王的直接指授。乾隆时期，宫
廷中无论绘画还是舆图的制作，往往都直接受到乾隆帝的具体旨意，且往
往都要先呈览草稿，再进一步制作。遇到乾隆帝不满意的情况，绘画和舆
图的制作者一样，都要重新绘制，一次次交流，直到皇帝满意为止。[21]

　　再回到乾隆朝的全景西山图像，尤其董邦达《静宜园二十八景图》轴，
半空鸟瞰的构图让香山静宜园的全貌一览无余，如果仔细观察画面细节，
则每个景观又具有清晰的实景再现特征，且旁边均标注有景观名称。而这
当时最直接的观者就是乾隆皇帝本人。这样表现香山静宜园的图式具有非
常明显的舆图性质。但此图的作者董邦达毕竟是乾隆朝一位重要的词臣画
家，且此图是著录在专门记录重要书画作品的《石渠宝笈续编》当中的。
虽然从画家和著录的角度来看此图还是山水画范围，但图像本身的舆图气
质非常明晰，这体现了在乾隆帝的品味下，舆图与实景山水的融合。同样，
作为乾隆朝重要外籍画家的郎世宁，也会为了画图而去香山进行实地考察，
这本身的实测行为也让其画作具有严谨的、再现地理特征的舆图性质。此
外，为乾隆帝绘制了《乾隆南巡图》《姑苏繁华图》等大型绘画作品的苏
州画家徐扬，在画面中经常表现出苏州城市中精准的实景样貌，也非常善
于交代空间关系。这都源于徐扬在进入乾隆内府之前曾在苏州参与绘制《苏
州府志》中的"苏州城图"。这种舆图绘制的基础和对实景把控的准确性
都是徐扬之后得以被乾隆帝赏识的重要原因。徐扬进入乾隆内府之后，其
绘制的《南巡纪道图》《西域舆图》，都充分显示了他对空间和实际地理
环境绘制的把控能力。这些图虽都作为绘画被《石渠宝笈》著录，但画面
的舆图特征亦都非常明确。这不仅体现了乾隆朝画家对舆图的熟悉性，更
体现了此时期山水实景图、全景图和舆地图自然的融合倾向。这种融合是
一种重视地理土地真实性与文人化山水笔墨传统的融合，更是乾隆帝控制

21　[韩]赵敏住：《清代宫廷绘画以及地图制作共有的制度史背景》，《南京艺术学院学报》（美
　　术与设计版）2011年第3期。

下审美与权力的融合，理想山水与坐拥江山的融合。

二、对景观、事件、疆域的记录

前文已经提及，地图或者说地图般的视角代表着权力者的眼光。关于西山的全景图或者关于西湖乃至全国各地的实景全景图，都是乾隆朝大规模实景山水复兴的一个缩影，它们都彰显着乾隆皇帝对新景观、新事件以及广阔疆域的一种观察、掌控和记录。

1. 景观

明代表现西山的绘画彰显着文人隐逸而秀润的山水气质。康熙以来至乾隆朝开始大规模营建西山景观，乾隆朝的西山图像则越来越呈现出皇家气质，这很大程度上源于西山绘画中表现了很多处新打造的景观形象。

乾隆朝表现西山的绘画，很大程度上是为了表现乾隆时期在西山建设的新景观。董邦达、张若澄分别用轴、册、卷的形式绘制过香山静宜园，主要都是为了表现乾隆皇帝在静宜园新建造的二十八景。方琮《静明园图》屏共八屏，每屏分上下两幅画面，共有 16 幅，对应表现了乾隆皇帝在静明园新打造的十六景。"燕京八景"虽非乾隆皇帝的创造，但经过他的更名，例如"西山晴雪"，也成为乾隆朝时期的一个"新景观"。在画面中，"御碑"等新景观形象的纳入，也都呈现出乾隆朝景观皇家化的新面貌。《都畿水利图》卷虽并非专门表现西山的绘画，但卷尾处仿建的金川碉楼等西山上乾隆朝新建造的景观都被一一纳入画面中，向乾隆皇帝和后人展示了当时的新面貌。

除了表现西山的绘画，乾隆朝的实景绘画很多都是一种对新建造景观的记录和表现。表现乾隆帝南巡盛事的《南巡盛典》由两江总督高晋（1707—1778）等编纂，是对南巡事件的全面记录，成书于乾隆三十六年（1771），共 120 卷，分 12 部分（恩纶、天章、蠲除、河防、海塘、祀典、褒赏、吁俊、阅武、程途、名胜、奏请），全面记录了乾隆十六年（1751）、乾隆二十二年（1757）、乾隆二十七年（1762）、乾隆三十年（1765）乾隆皇帝四次南巡的相关资料，可谓巨著。其中"名胜"部分最为精华，分为直隶、山东、江南、浙江四地。这套巨著的名胜部分所收版画一共有 155 幅。这些名胜中往往出现了一些新的形象变化，体现了不同以往的时代特征和皇家属性。这些新景观中行宫、御碑亭、御诗楼、御书楼等形象被大量表现，成为各地重要名胜的一个新出现的组成部分。例如惠济祠、莲性寺、九峰园、锦春园、舣舟亭、狮子林、高义园、栖霞山行宫、雨花台、灵谷寺在版画中都有所体现。"卢沟晓月"作为燕京八景之一，在乾隆时期也发生了一定的形象变化，《南巡盛典》中的卢沟桥形象两侧共出现了三个御碑亭形象。（图6.15）这些御碑亭、御诗楼的形象都使得乾隆皇帝的"痕迹"成为历史名胜的一部分，并继续成为"经典"影响至今。

2. 事件

清代宫廷绘画有一个很重要的特点，就是喜欢表现重大事件。如《康熙南巡图》十二卷、《乾隆南巡图》十二卷等是表现出巡的题材；《平定两金川得胜图》册、《平定伊利回部战图》册、《平定苗疆战图》册等，

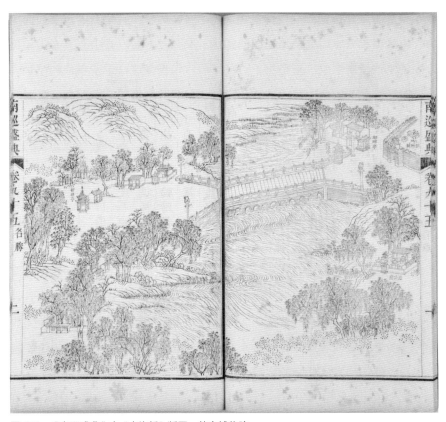

图6.15　《南巡盛典》中"卢沟桥"版画　故宫博物院

以及大量印版战图如《平定西域战图》页等属于记录战争的题材；《雍正帝祭先农坛图》卷等属于祭祀题材；郎世宁等《万树园赐宴图》轴、《紫光阁赐宴图》卷、《塞宴四事图》横轴等属于筵宴题材；郎世宁《乾隆皇帝大阅图》轴等属于记录典礼题材；郎世宁等《乾隆皇帝围猎聚餐图》轴、《乾隆皇帝射狼图》轴等都是表现狩猎的题材；贺清泰、潘廷章合作《贡象马图》卷、弘旿《廓尔喀进象马图》卷等是表现朝贡的题材。这些着重表现重要事件的清宫纪实题材绘画往往场面宏大，环境真实，具有"实录"的价值。[22]

就表现西山的绘画来说，有些乾隆朝西山图像之所以能够得以绘制，也是因为是对一些事件的记录。弘旿《都畿水利图》卷是对京城水利系统的记录，卷尾处以西山结束，西山一带的昆明湖、玉泉山和香山都纷纷入画。其中西山上的碉楼形象则也反映了对平定金川战争事件所作的努力与纪念。关于西山昆明湖形象的出现也出于对事件的记录。乾隆皇帝不想"重费民力"建造清漪园，但最终还是"食言"了，且建造的规模如此庞大。乾隆朝没有专门描绘清漪园的画作，但《万寿图》卷中有万寿山和昆明湖的生动景观形象，正是出于对皇太后六旬祝寿这样重要事件的记录。乾隆时期绘制的大量实景山水都和当时各地的胜景相关。尤其有大量对江南胜景的描绘，这些绘画基本与乾隆帝南巡的事件密切有关。和出巡相关的绘画一方面是对出巡事件的记录，一方面也是对出巡沿途景观和大好河山的描绘与记录。

3. 疆域

纵观乾隆朝宫廷绘制的实景山水，其表现地点涉及全国各地。前文已经总结，对于乾隆皇帝来说，近则是紫禁城中的景象，向外则有京城的西苑、西山，再向外则有热河、盘山。对全国各地胜景的绘制则多和巡游活动相关。除了著名的南巡与江南胜景山水，对山东的出巡、对山西五台山的西巡、对东北盛京的东巡，都随之绘制了不少与这些地域疆土有关的绘画。此外，像西域这样乾隆皇帝没有亲身抵达过的疆域也有被描绘。整体来看，乾隆朝宫廷绘制的实景山水所表现的胜景分布辐射至各处，其分

22　相关讨论可参见聂崇正：《清宫纪实绘画简说》，《美术》2007 年第 10 期。

布之广阔在历史上是空前的。这样的绘画现象和乾隆朝广阔的疆域环境息息相关。

这些乾隆朝实景山水的绘制者，以钱维城、董邦达、张宗苍、徐扬参与最多。他们可以说分别是乾隆朝最重要的词臣画家与表现山水题材的宫廷画家。他们承传了自清初"四王"正统派山水的笔墨传统，但题材上突破了书斋山水、仿古山水的桎梏，重新且成规模地走向对实景的观察和记录。随着乾隆时期重要新景观的建设、新事件的出现以及新疆域的拓展，一向重视绘事的乾隆皇帝授命当朝优秀的词臣画家和宫廷画家纷纷参与，用绘画的形式一点点记录。乾隆朝实景山水中所描绘的各地胜景皆是对乾隆朝最美好江山的再现与记录，它们充分反映了乾隆皇帝的审美观与政治观，也从侧面为时人与后人记录了时代的光辉。这些绘画在具有艺术性的同时，也具有多功能，它们充分记录着乾隆朝的重要景观、事件与疆域江山。

三、实证考据之学风

乾隆朝西山图像实景化、全景化的特点，也弥漫在乾隆朝宫廷更多的山水画中。这样的现象也和乾隆时期空气中弥散着的学术气氛息息相关，当时的学风也渗透进了当朝的绘画当中。

在乾隆时期乃至之后的嘉庆时期，有一股重视考据、求实的学术潮流，在今天被称为"乾嘉学派"或"乾嘉学术"。在乾嘉时期，当时学者有的称这学术潮流为考核学，有人称考据学，也有朴学、实学、汉学等称呼。有学者曾辨析过关于这些词汇的近义与不同侧重，例如："称考据学、考证学、考核学是指其纠谬考辨、注重证据的治学特征；称朴学、实学是指其质朴求实、不尚虚谈的学术风格；称汉学是指其宗尚汉儒中小学训诂与名物考辨的学术特质……"[23]无论哪一种称呼，其所泛指的、流行于乾隆时期的这种重视考据与实学的学术风气，从下至上又从上至下地弥漫在整个时代里，在这股学术洪流中，诸多大学者、地方商贾，甚至乾隆帝本人，都直接或间接地参与其中。而极受乾隆帝个人喜好所左右的宫廷绘画，也自然浸进其中。乾隆朝宫廷绘画中大量集中出现的实景山水的绘制背后也

23　漆永祥：《乾嘉考据学研究》，中国社会科学出版社，1998，第1页。

与这一学术风气密不可分。

在康熙、雍正时期，都是提倡宋学——程朱学派，但以江浙为核心的民间反宋学气势越来越强，而"汉学"名目兴起与之相抵抗。在乾隆时期主流学术陆续转向崇奉汉学，乾隆皇帝作为最高统治者对汉学倍加推崇，使之迅速走向极盛。戴震（1724—1777）认为乾隆帝诏举经学儒子的目的就是"崇奖实学"。而这当时学者口中的实学即重经学、重考、讲究经世致用的学问，和之前重视的"程朱空谈"性理相对。乾隆帝直接指出要"敦崇实学"[24]，提倡"崇实黜虚"的学风。清廷官方有意褒奖以考据学为核心的"实学"，营造了"重考据"的学术氛围，促成了清代学术的考据学转向。这也体现在编纂《四库全书》前后对顾栋高（1679—1759）、顾炎武（1613—1682）、戴震三位具有代表性的考据学家的表彰与奖掖。[25]《四库全书》的编纂，也代表着汉学走向庙堂中心，而宋学被边缘化。乾隆三十八年（1773）诏开四库馆，四库馆的首倡人为汉学家朱筠（1729—1781），进入四库馆修书的还有纪昀、戴震等汉学家。梁启超总结当时的四库馆中会聚的 300 多学者是各门学问的专家，四库馆也是汉学家的大本营，而《四库全书总目提要》就是汉学思想的结晶体，这场乾隆朝的汉学与宋学之争中，梁启超认为"到开四（库）馆而汉学派全占胜利"。[26] 讲究实证的汉学得以在此时全胜，一是民间早已有此风气，二是和乾隆皇帝作为一代帝王自上而下的全面支持并亲身实践密切相关。

乾隆皇帝在汉学的潮流氛围中，其个人的实践也处处讲究实证与考据。《乾隆御制诗文全集》中有大量篇章体现了乾隆帝对汉学的实践。在乾隆帝诗文集的余集中，许多诗文的注释文字远长过正文数倍甚至数十倍。文集中还有专门的"考""辨"体裁，都体现了乾隆皇帝的汉学素养。[27] 再如历来典籍中记载的玉制礼器"玉圭"长有三尺，但乾隆帝认为这些记载

24　《高宗实录》（四），收入《清实录》（第十二册），中华书局，1985，第 729 页。
25　王献松：《论清中期官方对"重考据"学风的营造及其实质》，《徽学》2018 年第 1 期。
26　梁启超：《中国近三百年学术史》，中国画报出版社，2010。
27　王达敏：《姚鼐与乾嘉学派》，学苑出版社，2007，第 91 页。

都"事涉虚诬，未必实有"[28]。乾隆帝的原则是"名以物征，物以实证"[29]。他是根据归入他天下范畴的和田所产的玉石来推测的。无论乾隆皇帝援今验古结果的对错，实证的考辨逻辑已经深入乾隆皇帝内心和时代的深处。关于地理考据，乾隆帝曾写过《阳关考》和《济水考》等文章，结合历代文献和实地经验，完全可以说是考据学派思路和方式的实践。对于地理学的实地考据，乾隆朝《日下旧闻考》就是在康熙朝《日下旧闻》的基础上对京师各地一一重新考察核实。对于西域，也是要"所有山川地名，按其疆域方隅，考古验今，汇为一集……得自身行经历，自非沿袭故纸者可比……"[30]，要坚持怀疑精神并强调实地亲证。实地考察本是学者治学传统之一，但在乾隆朝考据风气更加时兴和发扬。乾隆皇帝对自己收藏的绘画中所呈现出的"问题"，也有着强烈的考据意识。赵孟頫《鹊华秋色图》

图 6.16　赵孟頫《鹊华秋色图》卷乾隆皇帝题诗局部　台北故宫博物院

28　爱新觉罗·弘历：《摺圭说》，载《乾隆御制诗文全集》（十），中国人民大学出版社，2013，
　　第 897 页。
29　同上。
30　傅恒：《皇舆西域图志》，转引自乔治忠：《乾隆皇帝的史地考据学成就》，《社会科学辑刊》
　　1992 年第 3 期。

卷表现了齐州（今山东济南）的两座名山，一为华不注山，二为鹊山。（图6.16）当时为乾隆内府的重要收藏之一。1748 年乾隆帝巡狩山东时想起此图，便命人火速从紫禁城取来，对照着鹊华二山实地景致进行欣赏时，发现了赵孟頫犯了地理上的"错误"并指出应该是"东华西鹊"[31]，即鹊山不像赵孟頫自题中所说的"其东则鹊山也"，而实际应该在西面。华不注山与鹊山的实际地理关系确实如乾隆皇帝所说，华不注山相对在东面，而鹊山在西面。关于方位问题已经有学者讨论过。赵孟頫此卷虽是实景之作，但毕竟不是对景写生之作，日后的创作如果出现方位上的记忆偏差或者笔误也无可厚非。方位并不是赵孟頫的重点。赵孟頫的重点一是华不注山，二是华不注山与鹊山构成的关联。在赵孟頫的画面和自题中，都显示了在这二山中，华不注山才更为重要，这才是献给"华不注山人"周密的关键，而鹊山则属于从属地位。但只有鹊山的配合，才能和华不注山一起构成"鹊华秋色"的议题。从乾隆帝题跋中透露出的地理方位问题，体现了乾隆皇帝的史地考据意识。虽然乾隆皇帝考据具有局限性，但乾隆帝个人的与时代相符的史地考据观念本身，生发出了此时期实景绘画复兴的现象。考据学的氛围在乾隆朝同时笼罩着宫廷与地方。在地方上，则如东方树所说的，自从惠栋（1697—1758）、戴震推崇汉儒而诋毁宋儒之后，此风气遍蒸海内，如狂飙荡洪河不可遏抑。[32] 乾隆时期，各地学界宋学退潮而汉学挺进中心，庙堂最高处的乾隆皇帝的学术立场，也正从尊宋转到了尊汉。学术自身的演进与帝王的推崇遥相呼应，加速了汉学考据实证的浓郁风气。在这场被后世定名为"乾嘉学派"的学术大潮之中，两大最重要的支派，一为以惠栋为首的吴派，以信古为标志，二是以戴震为首的皖派，以求是为标志，也即重视考据。而乾隆、嘉庆年间的考据学之风，几乎独占学界势力，就连富商大贾也要"跟着这些大学者学几句考证的内行话"[33]。可见重考据的实证之学是全国流行的风气。乾隆皇帝作为实学的积极鼓动者和亲身实践者，在其指授下大量出现实景绘画，可以说是考据学实证风气下不谋而合的产物。

31　见卷上乾隆帝题跋。
32　王达敏：《姚鼐与乾嘉学派》，学苑出版社，2007。
33　梁启超：《中国近三百年学术史》，中国画报出版社，2010，第 19 页。

余英时曾论述过"清初学术由虚入实"[34]。这一精神潮流与绘画史的发展脉络可以说是高度一致的。明代王绂、文徵明、董其昌这些大家笔下的西山图像，如果不是画名提示，并不能辨认其笔下的山水究竟是北京西山之景还是江南某个角落，或者说那只是出于想象和模式化的书斋山水。但是经过康熙朝的铺垫，到了乾隆时期，宫廷绘制的西山图像在表达上开始不同于明代的泛化，而变得非常具体和实际，处处强调实景。可以说以西山图像为代表的乾隆朝实景绘画中，不仅大的山川态势一览无余，而且每一处具体景观甚至一草一木都可以尽收眼底。这种清宫实景山水图像既有传统文人笔墨的美感和趣味，又有对地理态势和实景全局的掌控。正体现了乾隆皇帝既喜好山水绘画，具有文人的这重身份，又拥有要对其坐拥的天下中一山一水占有、掌控的帝王身份。

乾隆皇帝为北京八景重新定名也彰显了乾隆皇帝的实证精神。乾隆帝认为以前"玉泉垂虹"这个说法"谬也"，"兹始为正之"。[35]于是改为"玉泉趵突"。乾隆帝《挂瀑檐》一诗也和"玉泉垂虹"的定名有关。诗意充满考据意味，且注释文字量要大于原诗，做了很多考证工作：

> 玉泉山下非山上，旧日垂虹久辟之。（玉泉垂虹前人所标燕山八景之一而实误也，玉泉非在山上乃从山根仰出喷薄如珠，与垂虹之义无涉。癸酉岁题静明园十六景，因为正其名曰玉泉趵突，向有日下旧闻之说，早正其讹。）然则斯檐曰挂瀑，瀑自何来恐致疑。盖引碧云山下水，委曲至此成瀑垂。（是处飞瀑乃香山碧云寺之水，于墙脊凳渠逦迤引来至此者，地势西高东下，飞流垂练，落而与玉泉之水汇以为湖，是瀑实非玉泉之水也。）西源东流殊高下，山水落脉可证斯。禁苑外人所弗到，朱明一错乃至兹。（自前明来纪载家误以趵突为垂虹，相传已久，盖以地处禁苑，人所弗到，故从无订正之者，子向来题咏，每事必求征实，有取杜甫

34　余英时：《论戴震与章学诚：清代中期学术思想史研究》，生活·读书·新知三联书店，2000，第21页。
35　爱新觉罗·弘历：《题静明园十六景》之《玉泉趵突》，载《乾隆御制诗文全集》（三），中国人民大学出版社，2013，第139页。

> 诗史之义，故即一地名之微，亦必悉为辨正。）向来诗故学杜史，弗肯不辨留参差。[36]

　　乾隆帝通过实地考证和实际观察，指出玉泉不在山上而在山下，以往"玉泉垂虹"的定名是有误的，其涌动喷薄的实际形态就与垂虹无关，因此要"正其名""正其诬"。并通过一个玉泉的命名上升高度，强调"每事必求征实"。乾隆帝写有关于此景的多首诗记录他的实证精神。而对应具体地理位置并立碑的行为，充分彰显乾隆皇帝地理考据的癖好，而地理考据正是乾嘉考据学中的一个重要方面。乾隆朝的西山图像中，有乾隆帝地理考据"西山晴雪"和"玉泉趵突"二景后所立之碑的形象，一个定位在香山静宜园中，位于"香雾窟"地标的对面，另一个定位在玉泉山静明园中，位于"龙王庙"的下方。图像中的西山是具体的，不再是明代那般的诗意化呈现，而是尽量"客观"地属于乾隆帝皇家苑囿。这些西山图像并不是画家随手一画或凭空想象出来的，而是亲自前往实地考察过的。乾隆皇帝不仅自己对西山非常熟悉，在考据学学风的浸润下，也要求唐岱、沈源、郎世宁这些宫廷画家亲自前往香山、玉泉山实地考察，并在最终绘制之前要先将画稿给乾隆帝呈览。由此也可见乾隆帝对这类画作的控制程度和其实证精神。

---

36 爱新觉罗·弘历：《乾隆御制诗文全集》（十），中国人民大学出版社，2013，第59页。

结　语

　　本书主要讨论的对象是乾隆时期的西山图像。它们既属于实景山水画，也属于清代宫廷绘画，且和乾隆皇帝个人密切相关。

　　乾隆朝宫廷绘制的西山图像和乾隆内府收藏中的明代西山图像有较大的不同，主要体现在是否强调其实景特征上。乾隆内府收藏的前朝表现西山的绘画有王绂《北京八景图》卷和文徵明《燕山春色图》轴，皆是典型的文人化、概念化的表达。但这种文人模式似乎并没有影响到乾隆朝的创作。乾隆朝的西山图像在图式上全都具有实景特点，让人可以明确辨认出画面中的具体景观。

　　本书通过明清两代图像和文献中的"西山"比对，体现了乾隆帝作为一代清帝王在审美、政治乃至风水观念上与前朝的差异与特点。乾隆帝审美品味指导下的宫廷西山图像中，往往会采用鸟瞰的全景式构图将一个整体的西山苑围尽收眼底，全部纳入掌控之中。这种掌控也体现在对同题材画作的重新绘制上。乾隆帝命当朝词臣画家张若澄重绘了其府内收藏的王绂同题材作品——"燕山八景图"。王绂所绘和卷后诸翰林文官的诗文一起，传递了明成祖朱棣迁都北京的信号。但张若澄对燕山八景的绘制出自乾隆帝的意志，此时的乾隆帝早已坐拥北京，他继承着金元以来的八景文化遗产，画面中则进一步体现了乾隆帝对八景圈入苑围后更大的占有，这也正体现了此时拥有广阔疆土的清帝王的文化自信和自负。康熙和乾隆两代清帝王虽在诗文中或面对清祖先的问题上都延续着明人的风水概念，但面对西山有"龙脉"是否可以开矿的现实利益的时候，乾隆帝毅然否定了汉族人的风水观。

　　西山承载的乾隆皇帝的山水视野，其中既有传统的文人视野，也有帝王的政治视野。乾隆帝在西山林泉文人享乐的姿态背后，是其不断强调的"水德"。西山之水作为北京水系的源头，向东一路灌溉农田又济漕运，解决着京城乃至全国的基本民生问题。西山之水看似理想，但龙王庙等形象也透露着乾隆帝对京城现实干旱问题的焦虑。

西山图像中呈现出的景观是多元的，它们仿建自江南、塞外、满洲发源地、西藏、金川等地，可谓移天缩地、容纳八方。玉泉山上的竹炉山房仿建自无锡惠山，承载着江南雅致的文人情怀。当对玉泉山上的泉水定名为"天下第一"后，乾隆帝随时可以抵达的玉泉山中的山房与泉水的组合，便胜过了惠山。香山静宜园因依山建园，大面积的山林景观和塞外热河乃至东北地区的自然环境有着天然的相似性。香山"驯鹿坡"中的"特产"驯鹿是黑龙江宁古塔将军进贡来的，它们不仅放养到京西的香山上，也放养到热河避暑山庄和木兰围场中。乾隆皇帝不仅多次在诗中吟咏，这些驯鹿形象也多次出现在清宫绘画中。此外，在弘旿《都畿水利图》卷以及弘旿《红旗三捷图》卷等中出现了碉楼形象，这和徐扬《平定两金川得胜图》册中被攻克的金川碉楼形象如出一辙。北京西山中的碉楼是对金川碉楼的仿建，这些西山碉楼既起到了让士兵训练演习的作用，也在战后起到了让后人"不忘其初"的纪念意义。随着金川战争的胜利，就连金川俘虏也被"移植"到了位于西山的健锐营中，成为八旗营中的一员。这些仿建的景观背后渗透着乾隆帝对江南、战争、边疆、宗教、多民族等诸多问题的态度和看法。西山作为一个点，容纳了清乾隆朝帝国广阔的边疆，容纳了多民族性的糅合与争端，也容纳了乾隆帝多元复杂的意识和天下观。

乾隆朝西山图像的绘制非常强调其实景特征，但西山图像不过是乾隆朝众多实景山水绘制中的一部分。实际上，乾隆朝宫廷绘制了更大量的实景山水画，构成一种乾隆朝实景山水画复兴的现象。这既和乾隆皇帝的个人兴趣有关，也与其时代背景息息相关。乾隆朝实景山水画是对以往实景山水画和纪游图的继承，是对传统帝王宫廷审美和吴门文人等喜好的结合。当然，清晰的实景特征和舆地图也密切相关，帝王对全景与江山掌握的诉求与欲望也使得实景山水得以受到重视，此外，绘画中对实景的强调和乾隆时代学术思潮中重视实证考据之风也相辅相成。

附　录

附录一：现存乾隆朝西山图像情况

画作名称	绘制者	现存馆藏	表现对象	文献著录
静宜园二十八景图卷	张若澄	故宫博物院	香山静宜园	《石渠宝笈三编·延春阁》
静宜园二十八景图轴	董邦达	故宫博物院	香山静宜园	《石渠宝笈续编·重华宫》
静宜园图册	"张若霭"[1]	沈阳故宫博物院	香山静宜园	《石渠宝笈续编·重华宫》
皋涂精舍图轴	李世倬	故宫博物院	香山静宜园	《石渠宝笈三编·延春阁》
燕山八景图册之"西山晴雪"	张若澄	故宫博物院	香山静宜园	《石渠宝笈续编·养心殿》
燕山八景图册之"玉泉趵突"	张若澄	故宫博物院	玉泉山静明园	《石渠宝笈续编·养心殿》
竹炉山房图轴	乾隆皇帝	故宫博物院	玉泉山静明园	《石渠宝笈三编·延春阁》
静明园图屏	方琮	沈阳故宫博物院	玉泉山静明园	《石渠宝笈三编·延春阁》
崇庆皇太后万寿庆典图卷	清人	故宫博物院	万寿山清漪园	《清宫内务府造办处档案》
都畿水利图卷	弘旿	中国国家博物馆	三山三园	《石渠宝笈续编·重华宫》

附录二：档案文献中的西山图像情况

画作名称（内容）	绘制者	表现对象	文献著录
静宜园二十八景图卷	董邦达	香山静宜园	《石渠宝笈续编·乾清宫》 "董邦达画静宜园二十八景图一卷。本幅，宣纸本。纵九寸一分。横一丈三尺三寸五分。浅设色画静宜园全景。各标名（八分书）……款：翰林院侍读学士臣董邦达奉敕恭绘……御笔香山夜雨诗……后幅御制静宜园二十八景诗……" 《秘殿朱林石渠宝笈汇编》（4），北京出版社，2004，第716页。
静宜园二十八景（二册）	董邦达	香山静宜园	《石渠宝笈三编·静宜园》 "董邦达画静宜园二十八景（二册），本幅纸本二册，各十四对幅，皆纵一尺六分，横一尺二寸，右幅设色分绘静宜园二十八景。款：翰林院侍读学士臣董邦达恭绘（隶书）……每幅高宗纯皇帝御笔行书标题……左幅汪由墩书御制诗……上册前幅御笔行草书静宜园记……" 《秘殿朱林石渠宝笈汇编》（12），北京出版社，2004，第4097—4103页。

1　沈阳故宫博物院将此套册页定为张若霭画，但应为董邦达绘制。详见本书第二章注释49。

续表

画作名称（内容）	绘制者	表现对象	文献著录
香山、玉泉山	郎世宁、唐岱、沈源	香山、玉泉山	《清宫内务府造办处档案》 乾隆八年（1743）农历四月十一日 如意馆 "旨唐岱、郎世宁、沈源着往香山、玉泉二处看其道路景界，合画大画二幅，长九尺，宽七尺，起稿呈览，钦此。" 中国第一历史档案馆、香港中文大学文物馆合编《清宫内务府造办处档案总汇》（11），人民出版社，2005，第380页。
香山图	唐岱、沈源	香山静宜园	《清宫内务府造办处档案》 乾隆八年（1743）农历七月二日 裱作 "初二日员外郎常保、司库白世秀、七品首领萨木哈、副催总达子来说，太监高玉交香山大图一张（系唐岱沈源合笔），绢对一付〔系厉（励）宗万字〕，传旨着将绢对托纸一层，其大画裱轴子，钦此。（于本月初九日，首领夏安将托得纸绢对一付持去讫。于乾隆九年二月十二日，司库白世秀将香山大画图一张裱得轴子一轴持进太监胡世杰呈进讫。）" 中国第一历史档案馆、香港中文大学文物馆合编《清宫内务府造办处档案总汇》（11），人民出版社，2005，第781页。
香山图	张雨森	香山	《清宫内务府造办处档案》 乾隆八年（1743）农历十一月十九日 裱作 "十九日七品首领萨木哈、司库白世秀来说，首领开其里交张雨森放香山图画一张，传旨着托纸一层，钦此。（于本月二十五日司库白世秀将托得纸画一张持交首领开其里讫。）" 中国第一历史档案馆、香港中文大学文物馆合编《清宫内务府造办处档案总汇》（11），人民出版社，2005，第791页。
香山图	唐岱、沈源	香山	《清宫内务府造办处档案》 乾隆十一年（1746）农历三月十二日闰月 如意馆 "十二日副催总六十七持来司库郎正培骑都尉巴尔党押帖一件内开为本月十一日太监胡世杰传旨，着唐岱沈源合画香山图一幅，高一丈五尺，宽九尺，起稿呈览，钦此。" 中国第一历史档案馆、香港中文大学文物馆合编《清宫内务府造办处档案总汇》（14），人民出版社，2005，第419页。
香山图	董邦达、沈源合笔	香山	《清宫内务府造办处档案》 乾隆十一年（1746）农历五月十九日 如意馆 "十九日副催总六十七持来司库郎正培骑都尉巴尔党押帖一件内开为二月十五日太监胡世杰传旨，着沈源会同董邦达前往香山绘图，起稿呈览，钦此。今起得画稿一张，高九尺四寸，宽一丈四尺，进呈御览，奉旨着董邦达沈源合笔准画。钦此。" 中国第一历史档案馆、香港中文大学文物馆合编《清宫内务府造办处档案总汇》（14），人民出版社，2005，第422页。
香山图轴	董邦达	香山	《清宫内务府造办处档案》 乾隆十二年（1747）农历九月二十二日 裱作 "二十二日七品首领萨木哈来说太监胡世杰交梁诗正字一张，董邦达香山图一张。传旨，着托表大轴子二轴，得时在静宜园勤政殿内两边大案上挂。钦此。于十一月初十日副催总强锡将字画二张表得轴子二轴在静宜园挂讫。" 中国第一历史档案馆、香港中文大学文物馆合编《清宫内务府造办处档案总汇》（15），人民出版社，2005，第494页。

续表

画作名称（内容）	绘制者	表现对象	文献著录
静宜园二十八景图卷		香山静宜园	《故宫博物院藏清宫陈设档案》 嘉庆五年（1800） 雍和宫大和斋明殿 "静宜园二十八景图一卷" 《故宫博物院藏清宫陈设档案》四十三册，故宫出版社，2013，第897页。
静宜园二十八景册页二册		香山静宜园	《清宫瓷器档案全集》 嘉庆二十年（1815） 香山静宜园泽春轩 "床上设：……静宜园二十八景册页二册" 《清宫瓷器档案全集》卷29，中国画报出版社，2008，第229页。
香山图	清柱、沈焕、胡桂合笔	香山	《清宫瓷器档案全集》 嘉庆二十年（1815） 香山静宜园泽春轩 "西墙向东挂：清柱、沈焕、胡桂合笔画香山图一张……" 《清宫瓷器档案全集》卷29，中国画报出版社，2008，第229页。
静宜园二十八景册（二册）		香山	《清宫颐和园档案》 道光二十四年（1844） 颐和园勤政殿北库 "静宜园二十八景册页二册" 中国第一历史档案馆、北京市颐和园管理处编《清宫颐和园档案·陈设收藏卷》（十二），中华书局，2017，第5398—5399页。
香山图		香山	《清宫颐和园档案》 道光二十四年（1844） 颐和园勤政殿北库 "香山图一件" 中国第一历史档案馆、北京市颐和园管理处编《清宫颐和园档案·陈设收藏卷》（十二），中华书局，2017，第5398—5399页。
静明园图轴		玉泉山静明园	《清宫内务府造办处档案》 乾隆八年（1743）农历十月二十六日 裱作 "二十六日员外郎常保司库白世秀七品首领萨木哈来说太监胡世杰交静明园图画一张，传旨着托表大画一轴。钦此。（于乾隆九年十月二十五日司库白世秀将托表得大画一轴持进太监胡世杰呈进讫。）" 中国第一历史档案馆、香港中文大学文物馆合编《清宫内务府造办处档案总汇》（11），人民出版社，2005，第786页。
竹炉山房图卷	关槐	玉泉山静明园	《清代皇家陈设秘档·静明园卷》 静明园竹炉山房陈设册 道光二十三年（1843） 静明园竹炉山房里间 "竹炉山房图手卷一卷（玉别，紫檀罩盖匣盛，关槐画）" 中国第一历史档案馆、香港凤凰卫视有限公司合编《清代皇家陈设秘档·静明园卷》（2），文物出版社，2016，第1218页。

续表

画作名称 （内容）	绘制者	表现对象	文献著录
静明园图轴		玉泉山静明园	《清代皇家陈设秘档·静明园卷》 静明园圣因综绘陈设册 道光二十四年（1844） 静明园圣因综绘清襟楼 "静明园图一轴（虫蛀）" 中国第一历史档案馆、香港凤凰卫视有限公司合编《清代皇家陈设秘档·静明园卷》（7），文物出版社，2016，第4280页。
燕山八景册页	张稿、张宗苍	香山静宜园、玉泉山静明园	《清宫内务府造办处档案》 乾隆十八年（1753）农历七月十三日 如意馆 "七月十三日副催总五十持来员外郎正培催总德魁押帖一件内开为十八年正月初八日太监董五经持来宣纸九屏风八张，太监胡世杰传旨，着张稿仿画燕山八景册页，上房屋放大其山树，着张宗苍画。钦此。" 中国第一历史档案馆、香港中文大学文物馆合编《清宫内务府造办处档案总汇》（19），人民出版社，2005，第557页。
燕山八景册	方琮	香山静宜园、玉泉山静明园	《清宫内务府造办处档案》 乾隆二十一年（1756）农历四月六日 如意馆 "初六日接得员外郎正培催总德魁押帖一件内开本月初五日太监董五经来说首领桂元交宣纸册页四分，出外紫檀木柜内换推缝册页四册，每册八页，每页高四寸八分，宽八寸四分，着方琮画燕山八景一册。" 中国第一历史档案馆、香港中文大学文物馆合编《清宫内务府造办处档案总汇》（21），人民出版社，2005，第636页。
万寿山雪景轴	乾隆皇帝	万寿山清漪园	《石渠宝笈续编·乾清宫》 "御笔画万寿山雪景一轴，本幅宣德笺本，纵三尺五寸二分，横一尺六寸四分，水墨画雪中山水树石草亭远山村舍，行书御制万寿山雪景诗……" 中国第一历史档案馆、香港中文大学文物馆合编《清宫内务府造办处档案总汇》（3），人民出版社，2005，第136页。

附录三：《石渠宝笈》中乾隆朝宫廷实景山水画的绘制情况

信息来源：《秘殿珠林石渠宝笈汇编》，北京出版社，2004。

说明1：关于宫廷制作的实景山水画，本书视角主要讨论乾隆皇帝以及当时宫廷对实景山水画的观念意识，遂以乾嘉时期宫廷书画著录《石渠宝笈》为观察对象。此外，因清宫绘画在历史流传中有所散佚，且各地馆藏现存绘画公布有限，以及有的和《石渠宝笈》著录中有重叠，遂暂不统计现存绘画。但实际乾隆朝宫廷还绘有更多的实景山水画，有些今天存世，但并没有经过《石渠宝笈》著录。

说明2：因为有的作品已不存世，现只能根据著录中的绘画名称和文字描述判断，遂有个别作品可能实景特征不一定非常清晰，但表格中收录的绘画，整体基本属于实景特征清晰的实景山水画。

画家	作品名称	著录
乾隆皇帝	澄海楼图	《石渠宝笈初编》载《秘殿珠林石渠宝笈汇编》（2），北京出版社，2004，第698页。
	盘山图	《石渠宝笈续编》载《秘殿珠林石渠宝笈汇编》（4），北京出版社，2004，第1311页。
	瀛台诗意图	《石渠宝笈续编》载《秘殿珠林石渠宝笈汇编》（4），北京出版社，2004，第852页。
	香山寺图	《石渠宝笈续编》载《秘殿珠林石渠宝笈汇编》（6），北京出版社，2004，第3424页。
	天桥山图	《石渠宝笈续编》载《秘殿珠林石渠宝笈汇编》（4），北京出版社，2004，第1334页。
	寒山别墅图	《石渠宝笈续编》载《秘殿珠林石渠宝笈汇编》（5），北京出版社，2004，第2349页。
	万寿山雪景	《石渠宝笈续编》载《秘殿珠林石渠宝笈汇编》（3），北京出版社，2004，第136页。
	夷齐庙四景图	《石渠宝笈续编》载《秘殿珠林石渠宝笈汇编》（6），北京出版社，2004，第3463页。
	西湖图	《石渠宝笈续编》载《秘殿珠林石渠宝笈汇编》（7），北京出版社，2004，第4096页。
	双塔峰图	《石渠宝笈续编》载《秘殿珠林石渠宝笈汇编》（7），北京出版社，2004，第3871页。
	盘山千尺雪图	《石渠宝笈续编》载《秘殿珠林石渠宝笈汇编》（7），北京出版社，2004，第3637页。
	盘山别业图	《石渠宝笈三编》载《秘殿珠林石渠宝笈汇编》（9），北京出版社，2004，第1008页。
	竹炉山房图	《石渠宝笈三编》载《秘殿珠林石渠宝笈汇编》（9），北京出版社，2004，第1070页。
	香山寺	《石渠宝笈三编》载《秘殿珠林石渠宝笈汇编》（9），北京出版社，2004，第1046页。
	登烟雨楼即景	《石渠宝笈三编》载《秘殿珠林石渠宝笈汇编》（12），北京出版社，2004，第4297页。
	文园狮子林十六景	《石渠宝笈三编》载《秘殿珠林石渠宝笈汇编》（12），北京出版社，2004，第4334页。
	御园即景	《石渠宝笈三编》载《秘殿珠林石渠宝笈汇编》（9），北京出版社，2004，第1060页。
	西湖图	《石渠宝笈三编》载《秘殿珠林石渠宝笈汇编》（9），北京出版社，2004，第1252页。
	西湖图	《石渠宝笈三编》载《秘殿珠林石渠宝笈汇编》（12），北京出版社，2004，第4330页。

续表

画家	作品名称	著录
	盘山千尺雪图	《石渠宝笈三编》 载《秘殿珠林石渠宝笈汇编》（12），北京出版社，2004，第4118页。
	避暑山庄烟雨楼图并诗	《石渠宝笈三编》 载《秘殿珠林石渠宝笈汇编》（12），北京出版社，2004，第4310页。
	夷齐庙四景诗并图	《石渠宝笈三编》 载《秘殿珠林石渠宝笈汇编》（9），北京出版社，2004，第1093页。
允禧	盘山十六景	《石渠宝笈初编》 载《秘殿珠林石渠宝笈汇编》（2），北京出版社，2004，第758页。
	盘山十六景并恭和御制诗	《石渠宝笈初编》 载《秘殿珠林石渠宝笈汇编》（2），北京出版社，2004，第759页。
	盘山山色	《石渠宝笈三编》 载《秘殿珠林石渠宝笈汇编》（12），北京出版社，2004，第4092页。
弘旿	都畿水利图	《石渠宝笈续编》 载《秘殿珠林石渠宝笈汇编》（5），北京出版社，2004，第1716页。
	岱岩齐寿图	《石渠宝笈续编》 载《秘殿珠林石渠宝笈汇编》（4），北京出版社，2004，第571页。
	红旗三捷图	《石渠宝笈续编》 载《秘殿珠林石渠宝笈汇编》（4），北京出版社，2004，第572页。
	万邦绥屡图	《石渠宝笈续编》 载《秘殿珠林石渠宝笈汇编》（4），北京出版社，2004，第1136页。
	石匣龙潭图	《石渠宝笈续编》 载《秘殿珠林石渠宝笈汇编》（5），北京出版社，2004，第1715页。
	岱岩标胜	《石渠宝笈三编》 载《秘殿珠林石渠宝笈汇编》（10），北京出版社，2004，第2137页。
	齐甸探奇	《石渠宝笈三编》 载《秘殿珠林石渠宝笈汇编》（10），北京出版社，2004，第2138页。
李世倬	静寄山庄十六景	《石渠宝笈三编》 载《秘殿珠林石渠宝笈汇编》（12），北京出版社，2004，第4158页。
	皋涂精舍图	《石渠宝笈三编》 载《秘殿珠林石渠宝笈汇编》（9），北京出版社，2004，第1023页。
张鹏翀	桃花寺八景	《石渠宝笈初编》 载《秘殿珠林石渠宝笈汇编》（1），北京出版社，2004，第503页。
	西山秋眺	《石渠宝笈续编》 载《秘殿珠林石渠宝笈汇编》（5），北京出版社，2004，第2197页。
	盘山图	《石渠宝笈三编》 载《秘殿珠林石渠宝笈汇编》（12），北京出版社，2004，第4183页。
邹一桂	太古云岚图	《石渠宝笈续编》 载《秘殿珠林石渠宝笈汇编》（4），北京出版社，2004，第700页。
	太古云岚图	《石渠宝笈续编》 载《秘殿珠林石渠宝笈汇编》（5），北京出版社，2004，第2192页。
	盘山图	《石渠宝笈三编》 载《秘殿珠林石渠宝笈汇编》（10），北京出版社，2004，第2267页。
董邦达	田盘胜概	《石渠宝笈续编》 载《秘殿珠林石渠宝笈汇编》（5），北京出版社，2004，第1800页。
	西江胜迹	《石渠宝笈续编》 载《秘殿珠林石渠宝笈汇编》（6），北京出版社，2004，第2981页。

续表

画家	作品名称	著录
董邦达	西湖四十景	《石渠宝笈续编》 载《秘殿珠林石渠宝笈汇编》（4），北京出版社，2004，第707页。
	西湖十景	《石渠宝笈续编》 载《秘殿珠林石渠宝笈汇编》（6），北京出版社，2004，第3375页。
	西湖十景图	《石渠宝笈续编》 载《秘殿珠林石渠宝笈汇编》（7），北京出版社，2004，第3918页。
	西湖十景图	《石渠宝笈续编》 载《秘殿珠林石渠宝笈汇编》（6），北京出版社，2004，第3376页。
	西湖图	《石渠宝笈续编》 载《秘殿珠林石渠宝笈汇编》（5），北京出版社，2004，第2213页。
	西湖十景图	《石渠宝笈续编》 载《秘殿珠林石渠宝笈汇编》（7），北京出版社，2004，第3918页。
	楚南名胜	《石渠宝笈续编》 载《秘殿珠林石渠宝笈汇编》（6），北京出版社，2004，第3377页。
	御制观音山诗意	《石渠宝笈续编》 载《秘殿珠林石渠宝笈汇编》（7），北京出版社，2004，第3594页。
	御制法螺寺诗意	《石渠宝笈续编》 载《秘殿珠林石渠宝笈汇编》（7），北京出版社，2004，第3593页。
	御制紫云洞诗意	《石渠宝笈续编》 载《秘殿珠林石渠宝笈汇编》（7），北京出版社，2004，第3595页。
	静宜园二十八景图	《石渠宝笈续编》 载《秘殿珠林石渠宝笈汇编》（4），北京出版社，2004，第716页。
	静宜园二十八景图	《石渠宝笈续编》 载《秘殿珠林石渠宝笈汇编》（5），北京出版社，2004，第1806页。
	西苑千尺雪图	《石渠宝笈续编》 载《秘殿珠林石渠宝笈汇编》（7），北京出版社，2004，第3640页。
	庐山图	《石渠宝笈续编》 载《秘殿珠林石渠宝笈汇编》（4），北京出版社，2004，第1215页。
	盘山十六景	《石渠宝笈续编》 载《秘殿珠林石渠宝笈汇编》（6），北京出版社，2004，第2983页。
	盘山十六景	《石渠宝笈续编》 载《秘殿珠林石渠宝笈汇编》（7），北京出版社，2004，第3379页。
	御制紫云洞诗意	《石渠宝笈续编》 载《秘殿珠林石渠宝笈汇编》（7），北京出版社，2004，第3595页。
	雪后悦心殿诗意	《石渠宝笈续编》 载《秘殿珠林石渠宝笈汇编》（6），北京出版社，2004，第2958页。
	居庸叠翠图	《石渠宝笈续编》 载《秘殿珠林石渠宝笈汇编》（4），北京出版社，2004，第722页。
	葛洪山图	《石渠宝笈续编》 载《秘殿珠林石渠宝笈汇编》（6），北京出版社，2004，第3382页。
	葛洪山八景	《石渠宝笈续编》 载《秘殿珠林石渠宝笈汇编》（6），北京出版社，2004，第3376页。
	兴安大岭图	《石渠宝笈续编》 载《秘殿珠林石渠宝笈汇编》（6），北京出版社，2004，第3497页。
	灵岩积翠图	《石渠宝笈续编》 载《秘殿珠林石渠宝笈汇编》（5），北京出版社，2004，第2216页。

续表

画家	作品名称	著录
董邦达	香山二十八景 [2]	《石渠宝笈续编》 载《秘殿珠林石渠宝笈汇编》（4），北京出版社，2004，第1323页。
	长城岭雪霁图	《石渠宝笈续编》 载《秘殿珠林石渠宝笈汇编》（4），北京出版社，2004，第1309页。
	避暑山庄中秋景	《石渠宝笈续编》 载《秘殿珠林石渠宝笈汇编》（5），北京出版社，2004，第2294页。
	昆明湖中秋景	《石渠宝笈续编》 载《秘殿珠林石渠宝笈汇编》（5），北京出版社，2004，第2298页。
	西苑太液秋风中秋景	《石渠宝笈续编》 载《秘殿珠林石渠宝笈汇编》（5），北京出版社，2004，第2287页。
	南巡舟行图	《石渠宝笈续编》 载《秘殿珠林石渠宝笈汇编》（5），北京出版社，2004，第2338页。
	御花园古柏图	《石渠宝笈续编》 载《秘殿珠林石渠宝笈汇编》（4），北京出版社，2004，第720页。
	西湖行宫八景图	《石渠宝笈续编》 载《秘殿珠林石渠宝笈汇编》（7），北京出版社，2004，第4065页。
	南巡纪道图	《石渠宝笈三编》 载《秘殿珠林石渠宝笈汇编》（10），北京出版社，2004，第2291页。
	西湖十景	《石渠宝笈三编》 载《秘殿珠林石渠宝笈汇编》（12），北京出版社，2004，第4164页。
	西湖十景	《石渠宝笈三编》 载《秘殿珠林石渠宝笈汇编》（10），北京出版社，2004，第2317页。
	清高宗御制西湖泛舟诗意	《石渠宝笈三编》 载《秘殿珠林石渠宝笈汇编》（12），北京出版社，2004，第4165页。
	月山宝光寺图	《石渠宝笈三编》 载《秘殿珠林石渠宝笈汇编》（10），北京出版社，2004，第2310页。
	千尺雪	《石渠宝笈三编》 载《秘殿珠林石渠宝笈汇编》（12），北京出版社，2004，第4168页。
	千尺雪	《石渠宝笈三编》 载《秘殿珠林石渠宝笈汇编》（12），北京出版社，2004，第4437页。
	静宜园二十八景	《石渠宝笈三编》 载《秘殿珠林石渠宝笈汇编》（12），北京出版社，2004，第4097页。
励宗万	高宗御制滦阳别墅诗意	《石渠宝笈三编》 载《秘殿珠林石渠宝笈汇编》（9），北京出版社，2004，第847页。
	高宗御制澄海楼诗意	《石渠宝笈三编》 载《秘殿珠林石渠宝笈汇编》（10），北京出版社，2004，第2250页。
	高宗御制千山诗意图	《石渠宝笈三编》 载《秘殿珠林石渠宝笈汇编》（10），北京出版社，2004，第2251页。
	高宗御制医巫闾山诗意图	《石渠宝笈三编》 载《秘殿珠林石渠宝笈汇编》（10），北京出版社，2004，第2251页。
	高宗御制敖汉玉瀑诗意图	《石渠宝笈三编》 载《秘殿珠林石渠宝笈汇编》（10），北京出版社，2004，第2252页。

2　即御笔静宜园诗并记。

续表

画家	作品名称	著录
	高宗御制南天门观音寺遥望诗意图	《石渠宝笈三编》载《秘殿珠林石渠宝笈汇编》（12），北京出版社，2004，第4433页。
	书高宗御制再题避暑山庄三十六景诗并图	《石渠宝笈三编》载《秘殿珠林石渠宝笈汇编》（12），北京出版社，2004，第4428页。
蒋溥	书清高宗东巡揽胜诗并绘图	《石渠宝笈三编》载《秘殿珠林石渠宝笈汇编》（11），北京出版社，2004，第3390页。
	书清高宗御制平定准噶尔碑文并绘图	《石渠宝笈三编》载《秘殿珠林石渠宝笈汇编》（10），北京出版社，2004，第2280页。
	清高宗御制塞山云海诗意	《石渠宝笈三编》载《秘殿珠林石渠宝笈汇编》（12），北京出版社，2004，第4435页。
张若霭	瀛台赐宴图	《石渠宝笈续编》载《秘殿珠林石渠宝笈汇编》（7），北京出版社，2004，第3715页。
	镇海寺雪景	《石渠宝笈续编》载《秘殿珠林石渠宝笈汇编》（5），北京出版社，2004，第1821页。
	摹苏轼雪浪斋铭并和章（张若霭雪浪石图）	《石渠宝笈续编》载《秘殿珠林石渠宝笈汇编》（5），北京出版社，2004，第1820页。
	雪浪石图	《石渠宝笈续编》载《秘殿珠林石渠宝笈汇编》（5），北京出版社，2004，第1818页。
张若澄	燕山八景	《石渠宝笈续编》载《秘殿珠林石渠宝笈汇编》（4），北京出版社，2004，第1239页。
	雪浪石	《石渠宝笈续编》载《秘殿珠林石渠宝笈汇编》（5），北京出版社，2004，第1836页。
	莲池书院图	《石渠宝笈续编》载《秘殿珠林石渠宝笈汇编》（5），北京出版社，2004，第2229页。
	镇海寺雪景	《石渠宝笈续编》载《秘殿珠林石渠宝笈汇编》（5），北京出版社，2004，第1837页。
	葛洪山图并恭和御制诗	《石渠宝笈续编》载《秘殿珠林石渠宝笈汇编》（5），北京出版社，2004，第2230页。
	书高宗御制西湖十八景诗并绘图	《石渠宝笈三编》载《秘殿珠林石渠宝笈汇编》（12），北京出版社，2004，第3891页。
	静宜园二十八景图	《石渠宝笈三编》载《秘殿珠林石渠宝笈汇编》（10），北京出版社，2004，第2371页。
	南岳全图	《石渠宝笈三编》载《秘殿珠林石渠宝笈汇编》（10），北京出版社，2004，第2372页。
	塞山二十四景	《石渠宝笈三编》载《秘殿珠林石渠宝笈汇编》（12），北京出版社，2004，第4467页。
	兴安岭图	《石渠宝笈三编》载《秘殿珠林石渠宝笈汇编》（12），北京出版社，2004，第4468页。
钱维城	御制昆明湖杂咏诗意	《石渠宝笈续编》载《秘殿珠林石渠宝笈汇编》（4），北京出版社，2004，第3382页。
	雪浪石	《石渠宝笈续编》载《秘殿珠林石渠宝笈汇编》（5），北京出版社，2004，第1830页。
	御制西湖十景诗意	《石渠宝笈续编》载《秘殿珠林石渠宝笈汇编》（7），北京出版社，2004，第3596页。

续表

画家	作品名称	著录
	御制积庆寺诗意	《石渠宝笈续编》 载《秘殿珠林石渠宝笈汇编》(7)，北京出版社，2004，第3596页。
	御制再题寄畅园诗意	《石渠宝笈续编》 载《秘殿珠林石渠宝笈汇编》(7)，北京出版社，2004，第3597页。
	御制舟发姑苏诗意	《石渠宝笈续编》 载《秘殿珠林石渠宝笈汇编》(7)，北京出版社，2004，第3598页。
	御制华山翠岩寺诗意	《石渠宝笈续编》 载《秘殿珠林石渠宝笈汇编》(7)，北京出版社，2004，第3598页。
	栖霞山全图	《石渠宝笈续编》 载《秘殿珠林石渠宝笈汇编》(4)，北京出版社，2004，第744页。
	栖霞山图	《石渠宝笈续编》 载《秘殿珠林石渠宝笈汇编》(6)，北京出版社，2004，第2992页。
	灵岩八景图	《石渠宝笈续编》 载《秘殿珠林石渠宝笈汇编》(6)，北京出版社，2004，第2994页。
	吴山十六景	《石渠宝笈续编》 载《秘殿珠林石渠宝笈汇编》(6)，北京出版社，2004，第3387页。
	御制舟发姑苏诗意	《石渠宝笈续编》 载《秘殿珠林石渠宝笈汇编》(7)，北京出版社，2004，第3598页。
	御制华山翠岩寺诗意	《石渠宝笈续编》 载《秘殿珠林石渠宝笈汇编》(7)，北京出版社，2004，第3599页。
	平定准噶尔图并恭记	《石渠宝笈续编》 载《秘殿珠林石渠宝笈汇编》(4)，北京出版社，2004，第741页。
	苗寨图	《石渠宝笈续编》 载《秘殿珠林石渠宝笈汇编》(4)，北京出版社，2004，第743页。
	塞围四景	《石渠宝笈续编》 载《秘殿珠林石渠宝笈汇编》(5)，北京出版社，2004，第1832页。
	塞山雪景	《石渠宝笈续编》 载《秘殿珠林石渠宝笈汇编》(5)，北京出版社，2004，第1832页。
	塞山雪景	《石渠宝笈续编》 载《秘殿珠林石渠宝笈汇编》(6)，北京出版社，2004，第3002页。
	雁荡图	《石渠宝笈续编》 载《秘殿珠林石渠宝笈汇编》(5)，北京出版社，2004，第2225页。
	庐山高	《石渠宝笈续编》 载《秘殿珠林石渠宝笈汇编》(4)，北京出版社，2004，第746页。
	热河千尺雪图	《石渠宝笈续编》 载《秘殿珠林石渠宝笈汇编》(7)，北京出版社，2004，第3645页。
	太液池亭中秋景	《石渠宝笈续编》 载《秘殿珠林石渠宝笈汇编》(5)，北京出版社，2004，第2296页。
	塞垣中秋景	《石渠宝笈续编》 载《秘殿珠林石渠宝笈汇编》(5)，北京出版社，2004，第2301页。
	狮林全景图	《石渠宝笈续编》 载《秘殿珠林石渠宝笈汇编》(6)，北京出版社，2004，第3003页。
	会善寺图	《石渠宝笈续编》 载《秘殿珠林石渠宝笈汇编》(4)，北京出版社，2004，第746页。
	泉林清景	《石渠宝笈续编》 载《秘殿珠林石渠宝笈汇编》(4)，北京出版社，2004，第745页。

续表

画家	作品名称	著录
	御制雪中坐冰床诗意	《石渠宝笈续编》 载《秘殿珠林石渠宝笈汇编》（4），北京出版社，2004，第1232页。
	高宗御制龙井八咏诗图	《石渠宝笈三编》 载《秘殿珠林石渠宝笈汇编》（10），北京出版社，2004，第2333页。
	高宗御制西湖雨泛五首诗意并书御制诗	《石渠宝笈三编》 载《秘殿珠林石渠宝笈汇编》（11），北京出版社，2004，第3407页。
	高宗御制西湖晴泛五首诗意并书御制诗	《石渠宝笈三编》 载《秘殿珠林石渠宝笈汇编》（11），北京出版社，2004，第3408页。
	高宗御制避暑山庄后三十六景诗意	《石渠宝笈三编》 载《秘殿珠林石渠宝笈汇编》（12），北京出版社，2004，第4452页。
	飞云洞图	《石渠宝笈三编》 载《秘殿珠林石渠宝笈汇编》（10），北京出版社，2004，第2356页。
	金山胜览图	《石渠宝笈三编》 载《秘殿珠林石渠宝笈汇编》（10），北京出版社，2004，第2357页。
	塞山秋月	《石渠宝笈三编》 载《秘殿珠林石渠宝笈汇编》（10），北京出版社，2004，第2358页。
	塞山云海	《石渠宝笈三编》 载《秘殿珠林石渠宝笈汇编》（10），北京出版社，2004，第2359页。
	豫省白云寺图	《石渠宝笈三编》 载《秘殿珠林石渠宝笈汇编》（10），北京出版社，2004，第2360页。
	借山斋图	《石渠宝笈三编》 载《秘殿珠林石渠宝笈汇编》（10），北京出版社，2004，第2361页。
	灵岩寺图	《石渠宝笈三编》 载《秘殿珠林石渠宝笈汇编》（10），北京出版社，2004，第2361页。
	法螺曲径	《石渠宝笈三编》 载《秘殿珠林石渠宝笈汇编》（10），北京出版社，2004，第2366页。
	千尺雪	《石渠宝笈三编》 载《秘殿珠林石渠宝笈汇编》（12），北京出版社，2004，第4458页。
	千尺雪	《石渠宝笈三编》 载《秘殿珠林石渠宝笈汇编》（12），北京出版社，2004，第4188页。
	泰山图	《石渠宝笈三编》 载《秘殿珠林石渠宝笈汇编》（12），北京出版社，2004，第4190页。
	方山图	《石渠宝笈三编》 载《秘殿珠林石渠宝笈汇编》（10），北京出版社，2004，第2362页。
董诰	书清高宗御制热河文园狮子林诗图并绘图	《石渠宝笈三编》 载《秘殿珠林石渠宝笈汇编》（12），北京出版社，2004，第4492页。
关槐	上塞锦林图	《石渠宝笈三编》 载《秘殿珠林石渠宝笈汇编》（12），北京出版社，2004，第4493页。

续表

画家	作品名称	著录
沈源	御制冰嬉赋图	《石渠宝笈续编》 载《秘殿珠林石渠宝笈汇编》（4），北京出版社，2004，第765页。
	瀛台冰嬉图	《石渠宝笈续编》 载《秘殿珠林石渠宝笈汇编》（5），北京出版社，2004，第2272页。
	瀛台惇叙殿景	《石渠宝笈续编》 载《秘殿珠林石渠宝笈汇编》（5），北京出版社，2004，第2306页。
	瀛台景	《石渠宝笈续编》 载《秘殿珠林石渠宝笈汇编》（5），北京出版社，2004，第2305页。
	圆明园四十景 （沈源、唐岱合笔）	《石渠宝笈续编》 载《秘殿珠林石渠宝笈汇编》（7），北京出版社，2004，第3755页。
姚文瀚、 袁瑛	盘山图 （合笔）	《石渠宝笈续编》 载《秘殿珠林石渠宝笈汇编》（5），北京出版社，2004，第2263页。
张宗苍	避暑山庄三十六景图	《石渠宝笈续编》 载《秘殿珠林石渠宝笈汇编》（4），北京出版社，2004，第768页。
	云栖山寺	《石渠宝笈续编》 载《秘殿珠林石渠宝笈汇编》（4），北京出版社，2004，第772页。
	姑苏十六景	《石渠宝笈续编》 载《秘殿珠林石渠宝笈汇编》（4），北京出版社，2004，第773页。
	灵岩山图	《石渠宝笈续编》 载《秘殿珠林石渠宝笈汇编》（4），北京出版社，2004，第776页。
	惠山园图	《石渠宝笈续编》 载《秘殿珠林石渠宝笈汇编》（6），北京出版社，2004，第3013页。
	云林寺图	《石渠宝笈续编》 载《秘殿珠林石渠宝笈汇编》（6），北京出版社，2004，第3014页。
	云栖胜景	《石渠宝笈续编》 载《秘殿珠林石渠宝笈汇编》（6），北京出版社，2004，第3015页。
	寒山千尺雪图	《石渠宝笈续编》 载《秘殿珠林石渠宝笈汇编》（6），北京出版社，2004，第3645页。
	御制雨中游锡山诗意	《石渠宝笈续编》 载《秘殿珠林石渠宝笈汇编》（6），北京出版社，2004，第3602页。
	西湖图	《石渠宝笈续编》 载《秘殿珠林石渠宝笈汇编》（4），北京出版社，2004，第776页。
	灵岩山图	《石渠宝笈续编》 载《秘殿珠林石渠宝笈汇编》（4），北京出版社，2004，第776页。
	避暑山庄中秋景	《石渠宝笈续编》 载《秘殿珠林石渠宝笈汇编》（5），北京出版社，2004，第2292页。
	御制平山堂诗意	《石渠宝笈续编》 载《秘殿珠林石渠宝笈汇编》（7），北京出版社，2004，第3601页。
	御制雨中游锡山诗意	《石渠宝笈续编》 载《秘殿珠林石渠宝笈汇编》（7），北京出版社，2004，第3602页。
	御制渡江诗意	《石渠宝笈续编》 载《秘殿珠林石渠宝笈汇编》（7），北京出版社，2004，第3602页。
	御制万松岭诗意	《石渠宝笈续编》 载《秘殿珠林石渠宝笈汇编》（7），北京出版社，2004，第3604页。
	盘山别墅图	《石渠宝笈三编》 载《秘殿珠林石渠宝笈汇编》（10），北京出版社，2004，第2414页。

续表

画家	作品名称	著录
	千尺雪	《石渠宝笈三编》 载《秘殿珠林石渠宝笈汇编》（12），北京出版社，2004，第4193页。
	千尺雪	《石渠宝笈三编》 载《秘殿珠林石渠宝笈汇编》（12），北京出版社，2004，第4495页。
方琮	清高宗御制避暑山庄 三十六景诗图	《石渠宝笈三编》 载《秘殿珠林石渠宝笈汇编》（12），北京出版社，2004，第4511页。
	天平山景	《石渠宝笈续编》 载《秘殿珠林石渠宝笈汇编》（5），北京出版社，2004，第1843页。
王炳	避暑山庄中秋景	《石渠宝笈续编》 载《秘殿珠林石渠宝笈汇编》（5），北京出版社，2004，第2300页。
	御制来凤亭诗意	《石渠宝笈续编》 载《秘殿珠林石渠宝笈汇编》（7），北京出版社，2004，第3600页。
	南巡图	《石渠宝笈续编》 载《秘殿珠林石渠宝笈汇编》（6），北京出版社，2004，第3038页。
	御制玉带桥诗意	《石渠宝笈续编》 载《秘殿珠林石渠宝笈汇编》（7），北京出版社，2004，第3606页。
	御制再游支硎诗意	《石渠宝笈续编》 载《秘殿珠林石渠宝笈汇编》（7），北京出版社，2004，第3607页。
	御制烟雨楼诗意	《石渠宝笈续编》 载《秘殿珠林石渠宝笈汇编》（7），北京出版社，2004，第3607页。
	初登金山诗意	《石渠宝笈续编》 载《秘殿珠林石渠宝笈汇编》（7），北京出版社，2004，第3608页。
徐扬	天宁寺小憩诗意	《石渠宝笈续编》 载《秘殿珠林石渠宝笈汇编》（7），北京出版社，2004，第3609页。
	御制高旻寺行宫诗意	《石渠宝笈续编》 载《秘殿珠林石渠宝笈汇编》（7），北京出版社，2004，第3609页。
	西域舆图	《石渠宝笈续编》 载《秘殿珠林石渠宝笈汇编》（4），北京出版社，2004，第789页。
	盛世滋生图	《石渠宝笈续编》 载《秘殿珠林石渠宝笈汇编》（5），北京出版社，2004，第2245页。
	日月合璧五星连珠	《石渠宝笈续编》 载《秘殿珠林石渠宝笈汇编》（4），北京出版社，2004，第1259页。
	南巡纪道图	《石渠宝笈三编》 载《秘殿珠林石渠宝笈汇编》（9），北京出版社，2004，第589页。

参考文献

一、古代文献

王嘉.拾遗记译注 [M].哈尔滨：黑龙江人民出版社，1989.

张又新.煎茶水记 [M]// 叶羽.茶书集成.哈尔滨：黑龙江人民出版社，2001.

沈应文，张元芳.顺天府志 [M].明万历刻本.北京图书馆藏.

刘侗，于奕正.帝京景物略 [M].北京：北京古籍出版社，1980.

蒋一葵.长安客话 [M].北京：北京古籍出版社，1982.

文徵明.文徵明集 [M].周道振，辑校.上海：上海古籍出版社，1987.

袁中道.珂雪斋集 [M].钱伯城，点校.上海：上海古籍出版社，1989.

阿桂，刘谨之，等.钦定盛京通志 [M].乾隆四十三年殿本排，1917.

陈梦雷，蒋廷锡，等.古今图书集成 [M].影印本.北京：中华书局，1934.

永瑢，等.四库全书总目 [M].北京：中华书局，1965.

赵尔巽等.清史稿 [M].北京：中华书局，1977.

景印文渊阁四库全书：大清会典则例 [M].台北：台湾商务印书馆，1986.

景印文渊阁四库全书：清文献通考 [M].台北：台湾商务印书馆，1986.

清实录：高宗实录 [M].北京：中华书局，1985.

清实录：高宗实录 [M].北京：中华书局，1986.

王锺翰.清史列传 [M].北京：中华书局，1987.

马其昶.桐城耆旧传 [M].合肥：黄山书社，1990.

畿辅通志 [M].上海：上海古籍出版社，1991.

孙承泽.春明梦余录 [M].北京：北京古籍出版社，1992.

吴丰培.平定金川方略序 [M]// 方略馆.平定金川方略.北京：全国图书馆文献缩微复制中心，1992.

王闿运.湘绮楼诗文集 [M].长沙：岳麓书社，1996.

纪昀.四库全书总目提要 [M].石家庄：河北人民出版社，2000.

清朝通志〔全一册〕[M]. 杭州：浙江古籍出版社，2000.

张照，等. 秘殿珠林石渠宝笈汇编 [M]. 北京：北京出版社，2004.

阮元. 石渠随笔 [M]. 杭州：浙江人民美术出版社，2011.

爱新觉罗·弘历. 乾隆御制诗文全集 [M]. 北京：中国人民大学出版社，2013.

胡敬. 国朝院画录 [M]// 胡氏书画考三种. 杭州：浙江人民美术出版社，2015.

于敏中. 日下旧闻考 [M]. 北京：北京出版社，2018.

葛金烺，葛嗣彤. 爱日吟庐书画丛录 [M]. 慈波，点校. 杭州：浙江人民美术出版社，2019.

二、现代书目

中国古代书画图目鉴定组. 中国古代书画图目 [A]. 北京：文物出版社，1986.

台北故宫博物院编辑委员会. 故宫书画图录 [A]. 台北：台北故宫博物院出版社，1989
—2012.

戴逸. 乾隆帝及其时代 [M]. 北京：中国人民大学出版社，1992.

福开森. 历代著录画目 [M]. 北京：人民美术出版社，1993.

杨伯达. 清代院画 [M]. 北京：紫禁城出版社，1993.

聂崇正. 宫廷艺术的光辉：清代宫廷绘画论丛 [M]. 台北：东大图书股份有限公司，1996.

刘九庵. 宋元明清书画家传世作品年表 [M]. 茅子良，校. 上海：上海书画出版社，1997.

漆永祥. 乾嘉考据学研究 [M]. 北京：中国社会科学出版社，1998.

朵云编辑部. 董其昌研究文集 [M]. 上海：上海书画出版社，1998.

程俊英，蒋见元. 诗经注析 [M]. 北京：中华书局，1999.

高居翰. 山外山 [M]. 上海：上海书画出版社，2003.

中国第一历史档案馆，香港中文大学文物馆. 清宫内务府造办处档案总汇 [A]. 北京：人民出版社，2005.

中国气象灾害大典：北京卷 [M]. 北京：气象出版社，2005.

余英时. 论戴震与章学诚：清代中期学术思想史研究 [M]. 北京：生活·读书·新知三联书店，2000.

侯仁之. 侯仁之讲北京 [M]. 北京：北京出版社，2005.

王子林. 紫禁城风水 [M]. 北京：紫禁城出版社，2005.

余定国. 中国地图学史 [M]. 北京：北京大学出版社，2006.

保罗·克拉瓦尔.地理学思想史 [M].郑胜华，等译.北京：北京大学出版社，2007.

王达敏.姚鼐与乾嘉学派 [M].北京：学苑出版社，2007.

香山公园管理处.清·乾隆皇帝咏香山静宜园御制诗 [M].北京：中国工人出版社，2008.

周维权.中国古典园林史 [M].北京：清华大学出版社，1999.

聂崇正.清宫绘画与西画东渐 [M].北京：紫禁城出版社，2008.

石守谦.风格与世变：中国绘画十论 [M].北京：北京大学出版社，2008.

姜斐德.宋代诗画中的政治隐情 [M].北京：中华书局，2009.

郭黛姮.远逝的辉煌：圆明园建筑园林研究与保护 [M].上海：上海科学技术出版社，2009.

高居翰.气势撼人：十七世纪中国绘画中的自然与风格 [M].北京：生活·读书·新知三联书店，2009.

梁启超.中国近三百年学术史 [M].北京：中国画报出版社，2010.

故宫博物院.故宫博物院藏清宫陈设档案 [A].北京：故宫出版社，2013.

何瑜.清代三山五园史事编年.顺治—乾隆 [A].北京：中国大百科全书出版社，2014.

于安澜.画史丛书 [M].郑州：河南大学出版社，2015.

中国第一历史档案馆，北京市颐和园管理处.清宫颐和园档案·陈设收藏卷 [A].北京：中华书局，2017.

侯仁之.历史地理研究 [M].北京：首都师范大学出版社，2010.

李若晴.玉堂遗音：明初翰院绘画的修辞策略 [M].杭州：中国美术学院出版社，2012.

侯仁之.北平历史地理 [M].北京：外语教学与研究出版社，2013.

欧立德.乾隆帝 [M].青石，译.北京：社会科学文献出版社，2014.

石守谦.移动的桃花源 [M].北京：生活·读书·新知三联书店，2015.

马雅贞.刻画战勋：清朝帝国武功的文化建构 [M].北京：社会科学文献出版社，2016.

张震."因画名室"与乾隆内府鉴藏 [M].北京：故宫出版社，2016.

罗威廉.最后的中华帝国：大清 [M].北京：中信出版社，2016.

赵琰哲.茹古涵今：清乾隆朝仿古绘画研究 [M].南宁：广西美术出版社，2017.

吴超.江南"博学鸿儒"与清初实学之风 [M].上海：上海交通大学出版社，2017.

张宝章.玉泉山静明园 [M].北京：北京出版社，2018.

张宝章.三山五园 [M].北京：北京出版社，2018.

聂崇正 . 清宫绘画与画家 [M]. 北京：故宫出版社，2019.

石守谦 . 山鸣谷应：中国山水画和观众的历史 [M]. 上海：上海书画出版社，2019.

陈葆真 . 图画如历史：中国古代宫廷绘画研究 [M]. 杭州：浙江大学出版社，2019.

陈葆真 . 乾隆皇帝的家庭生活与内心世界 [M]. 北京：北京大学出版社，2020.

杜娟 . 实境山水画：明代后期吴中纪实性山水画研究 [M]. 天津：天津人民美术出版社，2020.

裴德生 . 剑桥中国清代前中期史（上卷）[M]. 戴寅，等译 . 北京：中国社会科学出版社，2020.

故宫博物院，嘉德艺术中心 . 妙宝庄严：故宫博物院藏法器展 [M]. 石家庄：河北教育出版社，2020.

廖宝秀 . 乾隆茶舍与茶器 [M]. 北京：故宫出版社，2021.

许彤 . 胜景纪游：中国古代实景山水画 [M]. 北京：人民美术出版社，2021.

三、论文

史树青 . 王绂北京八景图研究 [J]. 文物，1981(5).

吕长生 . 读弘旿《都畿水利图卷》[J]. 中国历史博物馆馆刊，1982(0).

王景玉 . 康熙《畿辅通志》略谈 [J]. 文献，1986(4).

尹吉男 . 关于淮安王镇墓出土书画的初步认识 [J]. 文物，1988(1).

LISCOMB K.The Eight Views of Beijing ： Politics in Literati Art[J].Artibus Asiae,1989,49(1-2).

乔治忠 . 乾隆皇帝的史地考据学成就 [J]. 社会科学辑刊，1992(3).

方裕瑾 . 溥仪赏溥杰宫中古籍及书画目录（上）[J]. 历史档案，1996(1).

方裕瑾 . 溥仪赏溥杰宫中古籍及书画目录（下）[J]. 历史档案，1996(2).

丁羲元 . 赵孟頫《鹊华秋色图》卷新考 [G]// 赵孟頫研究论文集 . 上海：上海书画出版社，1995.

赵志诚 .《赵孟頫〈鹊华秋色图〉卷新考》辩证 [G]// 赵孟頫研究论文集 . 上海：上海书画出版社，1995.

刘若芳 . 清宫舆图房的设立及其管理 [G]// 中国第一历史档案馆 . 明清档案与历史研究论文集 . 北京：中国友谊出版公司，2000.

翁连溪 . 清代内府铜版画刊刻述略 [J]. 故宫博物院院刊，2001(4).

巫仁恕 . 晚明的旅游活动与消费文化：以江南为讨论中心 [J]."中央研究院"近代史研究所集刊，2003(41).

彭涉炎．乾隆朝大小金川之役研究 [D]. 北京：中央民族大学，2004.

赵宁．北京城市运河、水系演变的历史研究 [D]. 武汉：武汉大学，2004.

余辉．南宋宫廷绘画中的"谍画"之谜 [J]. 故宫博物院院刊，2004(3).

殷春敏．中国传统地图画法的魅力 [J]. 地图，2004(6).

翁连溪．清代内府铜版画刊刻述略 [C]// 故宫博物院．故宫博物院十年论文选：1995~2004. 北京：紫禁城出版社，2005.

张新民．《古今图书集成》之特征及其编者 [J]. 农业图书情报学刊，2006(11).

王家鹏．嘎布拉法器与乾隆皇帝的藏传佛教信仰 [C]// 故宫博物院、国家清史编纂委员会．故宫博物院八十华诞暨国际清史学术研讨会论文集．北京：紫禁城出版社，2006.

丁以寿．乾隆皇帝《烹雪》诗解注补正 [J]. 农业考古，2007(5).

聂崇正．清宫纪实绘画简说 [J]. 美术，2007(10).

单国强．中国古代实景山水画史略连载之一 六朝至两宋 [J]. 紫禁城，2008(8).

单国强．中国古代实景山水画史略之二 元代至明代 [J]. 紫禁城，2008(9).

单国强．中国实景山水画史略之三 清代（上）[J]. 紫禁城，2008(10).

单国强．中国实景山水画史略之三 清代（下）[J]. 紫禁城，2008(11).

苏庭筠．乾隆宫廷制作之西湖图 [D]. 台湾桃园：台湾"中央大学"，2008.

黄小峰．从官舍到草堂 [D]. 北京：中央美术学院，2008.

石守谦．以笔墨合天地：对十八世纪中国山水画的一个新理解 [J]. 美术史研究集刊，2009(26).

周肖红．历史名园植物景观的传承：以香山公园历史文化植物景观的保护和恢复为例 [C]. 北京："北京园林绿化"学术研讨会，2010.

李理．沈阳故宫藏《石渠宝笈》著录绘画作品 [J]. 沈阳故宫博物院院刊，2011(1).// 赵敏住．清代宫廷绘画以及地图制作共有的制度史背景 [J]. 南京艺术学院学报（美术与设计版），2011(3).

常建华．乾隆帝祈雨祈晴的多民族性 [J]. 紫禁城，2011(5).

高寿仙．从禁地到利薮：权力经济下的明代西山煤炭开采 [J]. 社会科学辑刊，2011(6).

李怡洋．《日下旧闻考》及《日下旧闻》的园林研究 [D]. 天津：天津大学，2011.

吴力勇．清代顺天府旱灾与禳灾初探 [D]. 广州：暨南大学，2011.

王惠敏．清军难以攻克大小金川之原因探析 [D]. 北京：中国社会科学院研究生院，2011.

李理，王建芙．墨彩纷呈 卓荦大观：沈阳故宫院藏明清绘画综述 [J]. 中国书画，2013(4).

黄彦震．清代中期索伦部与满族关系研究 [D]. 北京：中央民族大学，2013.

张宝秀 . 三山五园的地位与定位 [J]. 北京联合大学学报（人文社会科学版），2014(1).

郭丹 .《佚目》内外的文徵明书画 [J]. 苏州文博论丛，2014(1).

何瑜 . 三山五园称谓的由来及其历史地位 [J]. 北京联合大学学报（人文社会科学版），2014(1).

庄心俞 . 清代宫廷画家徐扬笔下之乾隆武功 [D]. 台湾桃园：台湾"中央大学"，2014.

李增高 , 洪立芳 , 李向龙 . 清代京西稻的形成与发展 [J]. 遗产与保护研究，2016(3).

王献松 . 论清中期官方对"重考据"学风的营造及其实质 [J]. 徽学，2018(1).

廖宝秀 . 吃茶得句 乾隆竹炉山房茶舍与茶器陈设 [J]. 紫禁城，2020(10).

后 记

　　本书基于我在中央美术学院人文学院就读时撰写的博士论文而成。2016 年毕业后总想着要慢慢修改并弥补当时的一些粗疏之处，但时光荏苒，工作已多年，总是拿起又放下，其间也开始了一些其他方向的论文写作。虽也不断有所思考和修正，但本书还是保留了当年博士论文的大体结构与面貌。在此，非常感谢我的博士生导师尹吉男先生对我论文写作与学术研究的指导与引领，也感谢中央美术学院自由而蓬勃的学术环境。感谢故宫博物院丰富的馆藏后盾带给我更深入的思考以及书画部愉悦的工作氛围。感谢聂崇正先生为我的书做推荐，感谢董正贺老师题写书名。感谢沈阳故宫博物院李理老师等前辈提供的资料和帮助，感谢湖南美术出版社的出版机缘，感谢为我博士论文写作、出版期间提供支持的所有师友和家人。此书的出版也算诚实地给自己的学生时代画上一个句号并提醒自己要进入下一段学术旅程了。最后，本书在写作过程中还存在一些不足之处，恳请方家指正！

许彤

2024 年 7 月

图书在版编目（CIP）数据

西山正脉：乾隆皇帝与西山图像关系研究 / 许彤著 . — 长沙：
湖南美术出版社，2024.7
ISBN 978-7-5746-0234-2

Ⅰ . ①西… Ⅱ . ①许… Ⅲ . ①山－区域地质－门头沟区②乾隆
帝（1711—1799）－生平事迹 Ⅳ . ① P562.13 ② K827=49

中国国家版本馆 CIP 数据核字 (2023) 第 197256 号

西山正脉：乾隆皇帝与西山图像关系研究

XISHAN ZHENGMAI: QIANLONG HUANGDI YU XISHAN TUXIANG GUANXI YANJIU

出 版 人：黄 啸

著　　者：许 彤

责任编辑：潘旖妍

责任校对：董田歌　何雨虹

封面设计：白　璐

制　　版：嘉伟文化

出版发行：湖南美术出版社

　　　　　（长沙市东二环一段622号）

印　　刷：长沙玛雅印务有限公司

开　　本：710mm×1000mm　1/16

印　　张：12

版　　次：2024年7月第1版

印　　次：2024年7月第1次印刷

定　　价：68.00元

销售咨询：0731-84787105　邮编：410016
电子邮箱：market@arts-press.com
如有倒装、破损、少页等印装质量问题，请与印刷厂联系调换。
联系电话：0731-82787277